高等职业教育本科教材

化工工艺实训

李 倩 主编
展宗瑞 副主编

化学工业出版社
·北京·

内容简介

《化工工艺实训》为新型活页式教材。全书包括化工过程开发及设计、乙酸乙酯生产性实训和苯乙烯半实物仿真工厂实训三个项目，各项目下设若干个任务和子任务。其中，化工过程开发及设计主要介绍了实训的安全知识和化工工艺开发设计的基本知识；乙酸乙酯生产性实训基于生产性实训装置，设计了五个典型工作岗位，结合工作过程实施项目实训；苯乙烯半实物仿真工厂实训依托大中型冷模实训装置，通过DCS系统和HSE系统模拟操作，直观体验工厂生产过程。

本书可作为高等职业教育本科、专科化工类各专业及相关专业的教材，也可供相关企业技术人员参考。

图书在版编目（CIP）数据

化工工艺实训 / 李倩主编；展宗瑞副主编. — 北京：化学工业出版社，2022.10
ISBN 978-7-122-42548-5

Ⅰ. ①化… Ⅱ. ①李… ②展… Ⅲ. ①化工过程-工艺学-教材 Ⅳ. ①TQ02

中国版本图书馆 CIP 数据核字（2022）第 212770 号

责任编辑：提　岩　　　　　　　　　　　　装帧设计：李子姮
责任校对：李露洁

出版发行：化学工业出版社（北京市东城区青年湖南街 13 号　邮政编码 100011）
印　　装：中煤（北京）印务有限公司
787mm×1092mm　1/16　印张 9¾　字数 237 千字　插页 1　2023 年 5 月北京第 1 版第 1 次印刷

购书咨询：010-64518888　　　　　　　　　　售后服务：010-64518899
网　　址：http://www.cip.com.cn
凡购买本书，如有缺损质量问题，本社销售中心负责调换。

定　　价：36.00 元　　　　　　　　　　　　　　　　　　　　版权所有　违者必究

前言

本书按照教育部《关于组织开展"十四五"职业教育国家规划教材建设工作的通知》及《职业院校教材管理办法》的要求编写，针对高等职业教育化工技术类专业学生化工工艺操作岗位能力需求，立足兰州石化职业技术大学实训资源，以企业岗位（群）任职要求、职业标准、工作过程或产品生产作为主体内容，按照"以学生为中心、学习成果为导向、促进自主学习"的思路进行开发设计，并将"立德树人"有机融入，将安全常识及理念融入技能操作，强调树立安全生产观念，强化培养岗位责任意识，便于学生储备知识和提升操作技能。

全书内容包括化工过程开发及设计、乙酸乙酯生产性实训、苯乙烯半实物仿真工厂实训三个项目。编写过程中弱化"教学材料"的特征，强化"学习资料"的功能，通过教材引领，力求树立以学习者为中心的教学理念，落实以实训为导向的教学改革。其中，化工过程开发及设计是安全知识普及化工工艺开发设计的概述性介绍；乙酸乙酯生产性实训是基于生产性实训装置，设计公用系统岗、酯化反应岗、中和反应岗、萃取精馏岗和萃取剂回收岗五个典型工作岗位，结合化工反应和分离精制两个工作过程，模拟化工生产系统训练，实施项目实训；苯乙烯半实物仿真工厂实训，依托大中型冷模实训装置，通过 DCS 系统模拟完成在工厂实物装置上的冷态开车、正常运行、正常停车等操作学习，通过 HSE 系统可以模拟各种常见生产故障处理操作等学习培训，直观深刻地体验工厂生产的过程、原理及操作规程。在教材内容的组织上突出工艺操作典型任务，涵盖装置介绍、工艺流程、控制条件、操作规程和操作步骤、数据记录及处理等。

书中所列举的实训装置有一部分可作为专业实验、实习训练及科研使用，乙酸乙酯综合实训装置既可以作为生产性实训教学装置，也可以用来生产小批量的试剂级化工产品，可满足工学结合的教学需求。苯乙烯半实物仿真工厂除承担常规工艺实训教学任务之外，也可作为对外培训的主要基地。

本书由兰州石化职业技术大学李倩、展宗瑞、柳亚军编写，杨西萍主审。其中，项目一由柳亚军编写、项目二由展宗瑞编写、项目三由李倩编写。全书由李倩统稿。本书在编写过程中得到了兰州石化职业技术大学许多专业课教师及秦皇岛博赫科技有限公司李猛工程师、王宇工程师等的大力支持，在此深表感谢。

由于编者水平所限，书中不足之处在所难免，敬请广大读者批评指正。

编者
2022 年 7 月

目录

项目一　化工过程开发及设计

【学习目标】　1
任务一　掌握实训室安全知识　1
一、化工生产过程的特点及安全　2
二、实训室安全操作知识　4
任务二　熟悉化工过程开发与实验技术　11
一、化工过程开发的意义　11
二、化工过程开发的内容　12
三、化工过程开发实验技术　13
任务三　了解化工工艺流程的组织原则　14
一、化工生产工艺路线选择　15
二、原材料来源与生产规模确定　15
三、能量回收与利用　16
四、"三废"处理与综合利用　16
任务四　掌握化工开发实验与安全技术　17
任务五　化工专业实训设计案例分析　17
一、化工工艺专业实训设计与开发的基本要求　18
二、乙醇脱水生产乙烯工艺设计实训　18
三、乙醇和苯生产苯乙烯工艺设计实训　30
【知识拓展】　32
【工匠风采】　33

项目二　乙酸乙酯生产性实训

【学习目标】　34
任务一　掌握安全知识与规定　34
一、化学品安全说明书（MSDS）　35
二、装置安全规定　35
三、装置安全知识　35
四、装置事故处理预案　37
任务二　学习乙酸乙酯生产工艺　39
一、乙酸乙酯生产工艺原理　39
二、乙酸乙酯生产工艺流程　40
三、工艺操作指标　42
任务三　乙酸乙酯生产装置操作　43
一、装置DCS内操岗位规范及职责　44
二、装置DCS外操岗位规范及职责　44
子任务一　岗前准备　44
一、联系水、电、原料、安全器材、仪表、分析等有关单位　45
二、岗位分工　45
三、水运操作　45
四、热运操作　46
五、停止试运　46
子任务二　乙酸乙酯生产性实训装置开车操作　53
一、公用系统岗开车操作　53
二、酯化反应岗开车操作　55
三、中和反应岗开车操作　57
四、萃取精馏岗开车操作　58
五、萃取剂回收岗开车操作　60
子任务三　生产性实训装置停车操作　74
一、公用系统岗停车操作　74
二、酯化反应岗停车操作　74
三、中和反应岗停车操作　75
四、萃取精馏岗停车操作　75
五、萃取剂回收岗停车操作　76

任务四 数据处理及撰写报告	76	【知识拓展】	79
		【工匠风采】	81

项目三　苯乙烯半实物仿真工厂实训

【学习目标】	82	二、乙苯脱氢反应工段冷态开车操作规程	105
任务一　熟悉苯乙烯半实物装置概况	82	子任务二　400工段开车操作	110
一、半实物仿真工厂的意义	83	一、岗位分工	110
二、主要设备布局	83	二、苯乙烯精制单元冷态开车操作规程	110
三、装置安全用电	83	任务四　苯乙烯半实物仿真工厂DCS系统停车操作	114
四、主要设备目录	86	子任务一　300工段停车操作	114
任务二　熟悉乙苯脱氢生产苯乙烯生产工艺	88	一、岗位分工	114
一、苯乙烯生产工艺原理	89	二、乙苯脱氢反应工段冷态开车操作规程	115
二、工艺流程	92	子任务二　400工段停车操作	119
任务三　苯乙烯半实物仿真工厂DCS开车操作	102	一、岗位分工	119
一、岗位职责	102	二、苯乙烯精制工段停车操作规程	119
二、DCS仿真软件功能简介	102	任务五　苯乙烯半实物仿真工厂HSE系统操作训练	123
三、主要仪表指标	103	一、HSE操作系统	123
子任务一　300工段开车操作	105	二、事故处理	126
一、岗位分工	105	【知识拓展】	142
		【工匠风采】	143

附录　绘制工艺流程图常用设备图例

参考文献

项目一　化工过程开发及设计

【学习目标】

知识目标:
1. 了解化工生产过程的特点、安全生产及实训室安全操作知识。
2. 了解化工过程开发的意义、内容和实验技术、操作参数及工艺流程的选择。
3. 掌握化工工艺专业实训设计与开发的基本要求。

能力目标:
1. 能够熟练搭建实验流程并进行实验的实际操作。
2. 能够正确进行数据处理与结果分析。

素质目标:
树立安全生产观念,强化岗位责任意识,养成良好的职业习惯。

化工过程开发及设计是化工类专业学生需要掌握的基本技能之一,想要了解化工产品从实验室设计到工业放大的基本流程,首先要了解实训室安全相关知识和流程设计的基本知识。

 ## 任务一　掌握实训室安全知识

学习目标

了解化工生产过程的特点及生产安全;熟悉实训室安全操作知识;掌握危险化学品的分类,使用易燃易爆品、有毒药品以及压缩气体钢瓶的安全知识,安全用电知识及消防知识。

学习重点

化学品的分类及安全使用、用电及消防知识。

> **学习难点**
>
> 化学品的安全使用。

一、化工生产过程的特点及安全

（一）化工生产过程的特点

化工生产是国家经济发展的支柱产业，但其具有易燃、易爆、有毒、腐蚀性强，高温、高压操作，生产工艺复杂等特点，稍有不慎很容易发生火灾、爆炸事故，造成较大的损失。因此，保证化工安全生产，不仅关系到企业的正常生产和人民群众的正常生活，还关系到企业的生存发展和社会秩序的稳定。

1. 易燃易爆

化工生产从原料到产品，包括工艺过程中的半成品、中间体、溶剂、添加剂、催化剂等，绝大多数属于易燃易爆物质。它们又多以气体和液体状态存在，极易泄漏和挥发。尤其在生产过程中，工艺操作条件苛刻，有高温、深冷、高压、真空，许多加热温度都达到或超过了物质的自燃点，一旦操作失误或因设备失修，便极易发生火灾爆炸事故。另外，在目前的工艺技术水平下，许多生产过程中，物料还必须用明火加热，加之日常的设备检修也要经常动火，这样就构成了一个突出的矛盾——既怕火，又要用火。并且各企业及装置的易燃易爆物质储量很大，一旦处理不好就会发生事故，其后果不堪设想，以往所发生的事故都充分证明了这一点。

2. 毒害性大

在化工生产中，有毒物质普遍地存在于生产过程之中，其种类之多、数量之大、范围之广，超过其他任何行业。其中，有许多原料和产品本身就是毒物，在生产过程中添加的一些化学物质也多是有毒的，生产过程中因化学反应又会生成一些新的有毒物质，如氰化物、氟化物、硫化物、氮氧化物及烃类毒物等。这些毒物有的属于一般性毒物，也有许多是高毒和剧毒物质。它们以气体、液体和固体三种状态存在，并随着生产条件的变化而不断改变状态。此外，在生产操作环境和施工作业场所，还有一些有害的因素，如工业噪声、高温、粉尘、射线等。对这些有毒有害因素，要有足够的认识，及时采取相应措施，否则不仅会造成急性中毒事故，还会随着时间的增长，即便是在低浓度（剂量）条件下，因多种有害因素对人体的联合作用，也会影响职工的身体健康，导致各种职业性疾病的发生。

3. 腐蚀性介质多

化工生产过程中的腐蚀性主要来源于：其一，在生产工艺过程中使用一些强腐蚀性物质，如硫酸、硝酸、盐酸和烧碱等，它们不但对人体有很强的化学灼伤作用，对金属设备也有很强的腐蚀作用；其二，在生产过程中有些原料和产品本身具有较强的腐蚀作用，如原油中含有硫化物，易腐蚀设备管道；其三，由于生产过程中的化学反应，生成许多新的具有不同腐蚀性的物质，如硫化氢、氯化氢、氮氧化物等。根据腐蚀的作用机理不同，腐蚀可分为化学性腐蚀、物理性腐蚀和电腐蚀三种。腐蚀的危害性极大，不仅会大大降低设备的使用寿命，缩短开工周期，更重要的是可使设备变薄、变脆，承受不了原设计压力而发生泄漏或爆炸着火事故。

4. 生产过程的高度自动化和连续性

化工生产已经由过去落后的手工操作、间歇生产转变为高度自动化、连续化生产；生产设备由敞开式变为密闭式；生产装置从室内走向露天；生产操作由分散控制变为集中控制，同时，也由人工手动操作变为仪表自动操作，进而又发展为计算机控制。在化工产品的生产过程中，生产工序多，过程复杂。随着社会对产品的品种和数量需求日益增大，迫使化工企业向着大型的现代化联合企业方向发展，以提高加工深度，综合利用资源，进一步扩大经济效益。化工生产具有高度的连续性，不分昼夜，不分节假日，长周期连续倒班作业。在一个联合企业内部，厂际之间，车间之间，管道互通，原料产品互相利用，是一个组织严密、相互依存、高度统一、不可分割的有机整体。任何一个厂或一个车间，乃至一道工序发生事故，都会影响全局。

5. 生产工艺条件苛刻，污染严重

许多化工生产过程要在高温、高压、低温、高真空度下进行，生产工艺条件苛刻，生产过程控制难度大；生产过程中副产的污染物种类多，自然降解难度大，处理困难，危害性大。这些污染物不仅会破坏大气组成、污染地表水，还可能污染地下水、影响植物生长，造成酸雨、温室效应、厄尔尼诺现象等自然灾害，从而危害人类的生存环境。

（二）化工生产安全

1. 安全在化工生产中的地位

正因为化工生产具有以上特点，安全生产在化工行业就显得尤为重要。一些发达国家的统计资料表明，在工业企业发生的爆炸事故中，化工企业占1/3。此外，化工生产中，不可避免地要接触有毒有害的化学物质，化工行业职业病发生率明显高于其他行业。因而，与其他行业相比，化工生产潜在的不安全因素更多，危险性和危害性更大，对安全生产的要求也更严格，所有的化工生产企业都应该有相对严格的安全生产管理制度。

2. 化工生产过程中潜在的不安全因素

（1）随着化学工业的发展，涉及化学物质的种类和数量显著增加。很多化工物料的易燃性、反应性和毒性本身决定了化工生产事故的多发性和严重性。反应器、压力容器的爆炸会产生破坏力极强的冲击波，可导致周围建筑物的倒塌，生产装置、储运设施的破坏以及人员的伤亡。如果是室内爆炸，极易引发二次或二次以上的爆炸，爆炸压力叠加，可能造成更为严重的后果。多数化工物料对人体有害，设备密封不严，特别是在间歇操作中泄漏的情况很多，容易造成操作人员的急性或慢性中毒。

（2）随着化学工业的发展，化工生产呈现出设备多样化、复杂化以及过程连接管道化的特点。如果管线破裂或设备损坏，会有大量易燃气体或液体瞬间泄放，迅速蒸发形成蒸气云团，与空气混合达到爆炸极限。云团随风飘荡，飘至居民区遇明火会发生爆炸，造成难以想象的灾难。

（3）随着化工装置的大型化、综合化发展，大量化学物质都处于工艺过程中或储存状态，一些密度比空气大的液化气体如氨、氯等，在设备或管道破裂处会以15°～30°角呈锥形扩散，在扩散宽度为100m左右时，人还容易察觉并可迅速逃离，但当距离较远且毒气尚未稀释到安全值时，人则很难逃离并会导致中毒，毒气影响宽度可达1000m或更大。

3. 化工生产企业安全事故案例

[案例1] 某厂发生了一起液态甲基异氰酸酯大量泄漏汽化事故，使附近空气中的这种毒气浓度超过了安全标准的1000倍。在事故后的7天内，死亡人数达2500人，该市70万人口中，约20万人受到影响，其中约5万人可能双目失明，其他幸存者的健康也受到严重危害。该地区的大批食物和水资源被污染，大批牲畜和其他动物死亡，生态环境受到严重破坏。事故后果之惨、损失之大，令世人震惊。

[案例2] 某化工厂因环己烷氧化装置旁的一根直径为50cm的配管发生严重破裂，导致环己烷大量泄漏，可燃性气体几乎遍及全厂，引起大面积火灾爆炸事故。事故导致该厂的大部分设施被破坏，厂外约13km范围内的2488座住宅、商店、工厂也受到损坏。事故损失额约3.6亿美元。

[案例3] 某化肥厂硝铵装置因油和氯进入中和系统发生爆炸，死亡22人、受伤50多人，整个车间被毁，经济损失达7000万元。

[案例4] 某化工总厂发生液氯储罐爆炸事故，造成9人死亡、3人受伤。

[案例5] 某油轮在码头附近水域调头时，与另一艘装有450t三级有毒易燃化学品环己酮的油轮相撞，造成约80t有毒化学品进入长江中，造成水质污染。

[案例6] 某化工车间连续发生爆炸。事故原因：发生爆炸的是该厂苯胺装置硝化单元，P-102塔发生堵塞，循环不畅，因处理不当发生爆炸。爆炸事故造成5人死亡、1人失踪、60多人受伤。爆炸导致苯类污染物流入松花江，造成水质污染。

[案例7] 某储运厂的碳四馏分储罐发生爆炸，造成6人死亡、多人受伤。爆炸波及10km以外的许多建筑物。

二、实训室安全操作知识

在实训基地、实验室工作，必须十分重视安全操作问题，这是保证实训、实验工作顺利开展，防止事故发生的必要条件。化工工艺实训基地中经常要使用大量的危险化学品，且往往要在高温、高压等条件下进行实验，因此，除严格遵守化学实验安全操作规程和安全用电操作规程外，还应特别注意防火、防爆、防毒和高压实验的安全操作问题。在进行实验之前，应充分了解实训环境、实训装置的操作规程、所用设备、仪器和实验流程的原理、特点，熟悉所用化学试剂的性质。应根据实训、实验的具体情况，认真制定实训、实验的操作规程和安全保证措施，并在实训、实验过程中严格执行，以防由于操作上的疏忽和错误而造成仪器设备的损坏甚至引发意外事故。

（一）危险化学品的分类

实验室安全工作中最重要的内容之一就是危险化学品的使用和保管问题。危险化学品使用、保管不当，将会引起重大的事故。

实验室中使用的危险化学品，必须合理地分类存放。例如，易燃物品不应和氧化剂放在一起，以免增加着火燃烧的概率。危险化学品分类合理存放是保证安全的必要措施，因此了解危险化学品的分类是十分必要的。危险化学品大致可以分为以下九类。

1. 爆炸性物品

常见的爆炸性物品有硝酸铵（硝酸铵是炸药的主要成分）、重氮盐、三硝基甲苯（TNT）和其他含有三个以上硝基的有机化合物等。

这类物质对热和机械作用（如研磨、撞击等）都很敏感，爆炸威力一般很强，特别是大量干燥的爆炸物爆炸时威力更强。爆炸物爆炸时一般不需要空气中的氧助燃，并且时常产生有毒和刺激性的气体。

2. 氧化剂

某些氧化剂，如高氯酸盐、氯酸盐、次氯酸盐、过氧化物、硝酸盐、高锰酸盐、铬酸盐及重铅酸盐、过硫酸盐、溴酸盐和碘酸盐、亚硝酸盐等，本身一般不能燃烧，但在受热、受日光直射或与其他化学药品（如酸类或水）作用时，能产生助燃的氧，使可燃物猛烈燃烧。例如，过氧化钠与水作用时，反应非常剧烈，并引起猛烈的燃烧。强氧化剂与还原剂或有机物混合后，可能因受热、摩擦打击而发生爆炸。例如，氯酸钾与硫黄的混合物会因受撞击而爆炸；过氯酸镁是一种很好的干燥剂，但如果被干燥的气流中带有烃类蒸气时，过氯酸镁吸附烃类，就有爆炸的危险。

通常人们对氧化剂的危险性注意不够，这往往是发生事故的根源之一，必须对这一点给予足够的重视。

3. 压缩气体和液化气体

压缩气体和液化气体按其危险性大致可以分为三类。

(1) 可燃性气体　如氢、乙炔、甲烷、煤气等。

(2) 助燃性气体　如氧、氯等。

(3) 不燃性气体　如氮和二氧化碳等。

压缩气体通常都是装在钢瓶中，压力高。受日光直射或靠近热源时，由于瓶内气体受热压力增大，而钢瓶受热后耐压强度降低，很容易引起爆炸。此外，如果氢气钢瓶漏气，或使用氢气后的尾气直接在室内放空，当空气中含氢量达到 4%～75.6%（体积浓度）时，一旦遇火源即可爆炸。又如当氯气遇到乙炔、氧气与油脂作用，均可能引发爆炸。

4. 自燃性物品

带油污的废纸、废布、废胶片、硝化纤维、黄磷等，都属于自燃性物品。它们在空气中会因逐渐氧化而生热，若产生的热不能散失，当温度逐渐升高到该物品的燃点时，就会着火燃烧。因此，这类有自燃性的废弃物品不要堆放在实验室内，应及时清除，以防发生意外。

5. 遇水燃烧物

钾、钠、钙等轻金属遇水会产生氢气和大量的热，以致发生爆炸；电石遇水能产生乙炔和大量的热，有时也能着火甚至爆炸。

6. 易燃液体

在化工实训基地，使用这类危险品的数量最多，它们大多易挥发、易燃烧，遇明火后能着火燃烧。在密封容器内着火时，甚至可能爆炸。乙醚、酒精、汽油、煤油等均为易燃液体。易燃液体的蒸气密度一般比空气大，当它们在空气中挥发时，常常能在地面上飘浮，因此，可能在距离存在这种液体的地面相当远的地方着火，着火后容易蔓延，且易回火引燃容器中的液体。所以使用这类物品时，必须严禁明火，远离电热设备和其他热源，更不能同其他危险品放在一起，以免引起更大的危害。

7. 易燃固体

松香、石蜡、硫、萘、镁粉和铝粉等，都属于易燃固体。它们不自燃，但易燃，燃烧速度一般较快。这类固体如以粉尘状悬浮分散在空气中，达到一定浓度时，遇有明火可能发生爆炸。

8. 毒害性物品

毒害性物品的中毒途径有误服、吸入呼吸道、皮肤沾染等。有的物品的蒸气有毒，如汞等；有的气体物品有毒，如一氧化碳、硫化氢等；有的液体物品有毒，如丙烯腈等；有的固体物品有毒，如三氧化二砷等。根据毒害性物品对人身的毒害情况，分为剧毒药品（如氰化钾、砒霜等）和有毒药品（如可溶性的钡盐、农药、苯及苯类化合物等）。使用这类物品要注意防止中毒。实验室所用毒害性物品应由专人管理，建立保存、使用档案。

9. 腐蚀性物品

属于这类物品的有强酸、强碱、强氧化剂，如硫酸、硝酸、盐酸、氢氟酸、苯酚、氢氧化钾、氢氧化钠、双氧水等。这些物品对皮肤和衣物都有腐蚀作用，在浓度和温度都很高的情况下作用更加强烈。在使用中应防止与人体（特别是眼睛）和衣物直接接触，并且要按照这类药品的使用规则进行使用（例如，配制硫酸溶液时，必须在不断搅拌的情况下将浓硫酸缓慢加入水中，切忌将水加入浓硫酸中）；灭火时也要考虑这类物品是否同时存放，以便采取适当措施。

（二）使用易燃易爆品、有毒药品及压缩气体钢瓶的安全知识

1. 使用易燃易爆品的安全知识

存放及使用易燃易爆品的地方应严禁明火，同时应远离热源并避免受到日光直射。

实验室内领用易燃易爆品的数量，应根据实验需要量严格按照有关规定的数量领用。

使用危险品进行实验前，应结合实验的具体情况，经过认真讨论，制定出安全操作规程，明确操作中容易发生事故的地方及必须十分注意的事项。例如，在蒸馏易燃的液体有机化合物时就必须注意：蒸馏瓶中的液体有机化合物不能超过蒸馏瓶容积的 2/3，一般约为 1/2，蒸馏瓶中应加入少量的沸石和毛细管，开始加热前应向冷凝器中通入冷却水。在整个加热过程中，必须始终有操作人员照管，绝对不能在无操作人员照管的情况下加热易燃液体；绝对不能把加热着的蒸馏瓶塞打开；瓶中盛有蒸馏沸点很低的易燃有机物时，不能直接加热，并且不能加热太快，以免有机物因急剧汽化冲开瓶塞，引起火灾，甚至造成爆炸事故。

在实验室进行实验的人员必须熟悉实验室中灭火器材的种类、存放的地方及其使用方法。

对于反应和分离过程产生的易燃气体应注意回收，如果是废气应及时排出室外，并随时监测室内该种气体的浓度，以防发生意外。

2. 防毒知识

化工实训、实验中常常要使用一些有毒物品或因反应而产生有毒物品，因此必须十分注意防毒的问题。

实验室中使用的有毒物品，必须严格按照规定领用、保管，使用后的废液必须妥善处理，不得倒入下水道。反应产生的有毒物品要注意妥善保存，并注明有毒标识。

凡产生有毒、有害气体的实训、实验操作，都必须在通风橱中进行，或将产生的有毒气体回收，或排出室外，并随时监测室内有毒气体的浓度。应注意不要使有毒物品洒落在实验台或地上，万一有洒落时，必须彻底清理干净。绝对不能用实验室的任何容器作为餐具，不得在实验室内吃东西，不得饮用实验室的自来水。实验完毕后，必须洗手。

3. 使用压缩气体钢瓶的安全知识

表 1-1 为部分常用气瓶的颜色标志情况。

表 1-1 部分常用气瓶颜色标志

序号	充装气体	化学式（或符号）	体色	字样	字色	色环
1	空气	Air	黑	空气	白	$P=20$，白色单环
2	氩	Ar	银灰	氩	深绿	$P \geqslant 30$，白色双环
3	氟	F_2	白	氟	黑	
4	氦	He	银灰	氦	深绿	$P=20$，白色单环
5	氪	Kr	银灰	氪	深绿	$P \geqslant 30$，白色双环
6	氖	Ne	银灰	氖	深绿	
7	一氧化氮	NO	白	一氧化氮	黑	
8	氮	N_2	黑	氮	白	$P=20$，白色单环
9	氧	O_2	淡（酞）蓝	氧	黑	$P \geqslant 30$，白色双环
10	二氟化氧	OF_2	白	二氟化氧	大红	
11	一氧化碳	CO	银灰	一氧化碳		
12	氘	D_2	银灰	氘		
13	氢	H_2	淡绿	氢	大红	$P=20$，大红单环 $P \geqslant 30$，大红双环
14	甲烷	CH_4	棕	甲烷	白	$P=20$，白色单环 $P \geqslant 30$，白色双环

装压缩气体的钢瓶，尤其是装液化气体的钢瓶绝不能放在热源附近，应远离暖气散热片，避免阳光直射，以免因温度升高而使瓶内气体压力骤增，发生意外事故。按照规定，氧气瓶及可燃性气体气瓶与明火的距离不小于 10cm，钢瓶必须可靠地固定在架子上、墙上或实验台上；运送钢瓶时，应将钢瓶的安全帽和橡皮环套好，无论是使用还是运送时都应严防钢瓶摔倒或受到撞击，以免发生意外的爆炸事故。

使用氧气时，无论在任何情况下，都严禁在钢瓶的附件上、氧气表上和连接管上黏附油脂，钢瓶的阀门和氧气表都不能用可燃性（如橡皮）垫圈。因为它在急速的氧气流冲击下可能着火，甚至引起钢瓶爆炸。

使用压缩气体钢瓶，必须有氧气表（或氢气表、氨表等）和减压阀，不经过氧气表（或氢气表等）和减压阀就直接使用钢瓶中的氧气（或其他压缩气体）是十分危险的。这样常常因为不能控制气体排放速度而发生大量气体冲出，可能造成一系列的事故。例如，造成与钢瓶连接的仪器损坏，大量氧气冲出时可能引起着火事故；大量的氮或二氧化碳冲出后，可能造成实验室内空气缺氧，使工作人员呼吸困难；氢气及其他可燃性气体冲出时，可能引起爆炸和火灾事故。

压缩气体钢瓶使用到最后，瓶内剩余压力应在 4.9×10^4 Pa 以上。使用压缩气体钢瓶至剩余压力过低，会给钢瓶充气带来不安全因素，容易在充气时发生事故，乙炔钢瓶的规定剩余压力是根据室温而定的，其关系见表 1-2。

表 1-2 乙炔钢瓶的剩余压力与室温的关系

室温/℃	-5	-5~5	5~15	15~25	25~35
余压/Pa	4.9×10^4	9.8×10^4	1.47×10^5	1.96×10^5	2.94×10^5

4. 防爆知识

各种易燃液体有机化合物的蒸气和可燃气体在空气中的含量达到一定比例时，就会与空气构成爆炸性的混合气体，这种气体遇到火源就能着火，发生爆炸。

任何气体在空气中构成爆炸性混合气体时，该气体所占的最低体积百分比叫作爆炸下限；所占的最高体积百分比叫作爆炸上限。气体体积浓度在爆炸下限和爆炸上限之间就能引起爆炸，这个浓度范围叫作爆炸极限或爆炸范围。例如，甲苯在空气中的爆炸下限为1.2%，爆炸上限为7.1%，也就是说，空气中含有1.2%~7.1%（体积浓度）的甲苯时，空气与甲苯就构成爆炸性的混合气体。又如，空气中含有4.0%~75.6%（体积浓度）的氢气时，空气与氢气就构成爆炸性的混合气体，这时一旦遇到火源（包括明火、红热的表面、火星或火花等）就会发生爆炸。空气中含有低于1.2%或高于7.1%的甲苯（或空气中含有低于4.0%或高于75.6%的氢气）时，即使有火源，也不会发生爆炸。但在上限以上的混合气体遇火源时可以燃烧。

当某些气体和空气的混合气体在燃烧时也可能发生爆炸，这是因为这些气体在空气中所占比例逐渐升高或降低，以致由爆炸极限以外逐渐进入爆炸极限以内；反之，爆炸性的混合气体由于成分的变化，也可以在爆炸中逐步变为非爆炸性的气体。实验室中常见易燃物的爆炸极限见表1-3。

表1-3 实验室常见易燃物的爆炸极限

液体或气体名称	与空气混合时的爆炸极限含量（体积分数）/%		液体或气体名称	与空气混合时的爆炸极限含量（体积分数）/%	
	下限	上限		下限	上限
煤油	1.0	7.5	乙烯	2.7	36.0
汽油	1.0	7.5	丙烯	2.4	11.0
丙酮	2.0	13.0	1-丁烯	1.6	10.0
甲乙酮	1.6	8.2	2-丁烯	1.7	9.7
苯	1.3	7.9	1,3-丁二烯	2.0	12.0
甲苯	1.2	7.1	一氧化碳	12.5	74.0
邻二甲苯	1.0	6.0	甲烷	5.0	15.0
间二甲苯	1.1	7.0	乙烷	3.0	12.4
对二甲苯	1.1	7.0	丙烷	2.1	9.5
环氧乙烷	3.6	100.0	正丁烷	1.8	8.4
甲醛	7.0	73.0	戊烷	1.4	7.8
乙醛	4.0	57.0	庚烷	1.0	6.7
丙醛	2.9	17.0	乙炔	2.5	100.0
乙醚	1.0	40.0	环乙烷	1.2	7.7
乙酸乙酯	2.2	11.0	乙酸	5.4	17.1
甲醇	6.7	36.5	顺丁烯二酸酐	1.4	7.1
乙醇	3.3	19.0	氯乙烯	3.6	33.0
正丙醇	2.1	13.7	丙烯腈	3.0	17.0

显然，在使用易燃易爆品时，可能发生爆炸的条件是：第一，该种物质与空气混合，浓度在爆炸极限之内；第二，遇到火源。因此，可采用以下方法防止爆炸事故的发生。

（1）不使爆炸极限范围内的混合物存在。这就要求在进行反应实验时，配制反应混合物要注意控制其浓度，使其保持在安全操作的浓度范围之内。向反应器或容器中通入可燃气体或可燃物的蒸气前，必须将其中的空气吹扫干净；向装有可燃气体或液体的实验装置或容器中通空气前，也必须将可燃气体或蒸气吹扫干净。在使用可燃气体或易燃液体进行实验时，实验装置必须保证密闭不漏气，实验室内应当通风良好。

（2）消除一切可能引起爆炸的外因，杜绝可能引起爆炸的一切火源。例如，禁止室内使用明火和开放式的电热器，不使室内有产生火花的条件存在等，并应注意某些剧烈放热的化学反应有时也可能引起自燃或爆炸。

总之，只要充分掌握可能引起爆炸的原因，思想上充分重视，工作中认真谨慎，遵守操作规程，就可以尽可能地防止爆炸发生。

（三）安全用电知识

1. 保护接地和保护接零

在正常情况下电器设备的金属外壳是不带电的，但设备内部某些绝缘材料若损坏，金属外壳就会带电。当人体接触到带电的金属外壳或带电的导线时，就会有电流流过人体。带电体电压越高，流过人体的电流就越大，对人体的伤害也越大。当大于 10mA 的交流电或大于 50mA 的直流电流过人体时，就可能危及生命安全。我国规定 36V（50Hz）的交流电是安全电压。超过安全电压的用电就必须注意用电安全，防止触电事故。

为防止发生触电事故要经常检查实验室用的电器设备，留意是否有漏电现象。同时要检查用电导线有无裸露和电器设备是否有保护接地或保护接零措施。

（1）设备漏电测试　检查带电设备是否漏电，使用试电笔最为方便。它是一种测试导线和电器设备是否带电的常用电工工具，由笔端金属体、电阻、氖管、弹簧和笔尾金属体组成。大多数将笔尖做成螺丝刀形式。如果把试电笔尖端金属体与带电体（如相线）接触，笔尾金属端与人的手部接触，那么氖管就会发光，而人体并无不适感觉。氖管发光说明被测物带电，如果不发光就说明被测物不带电。这样就可以及时发现电器设备是否漏电。一般使用前要在带电的导线上预测，以检查试电笔是否正常。

用试电笔检查漏电，只是定性的检查，要准确测量电器设备外壳漏电的程度还必须用其他仪表检测。

（2）保护接地　保护接地是用一根足够粗的导线，一端按在电器设备的金属外壳上，另一端接在地体（专门埋在地下的金属体）上，使其与大地连成一体。一旦发生漏电，电流就会通过接地导线流入大地，降低外壳对地电压。当人体触及外壳时，流过人体电流很小，而不至于触电。电器设备接地的电阻越小则越安全。如果电路有保护熔断丝，会因漏电产生电流而使保护熔断丝熔化并自动切断电源。一般的实验室用电采用这种保护接地方法已较少，大部分采用保护接零的方法。

（3）保护接零　保护接零是把电器设备的金属外壳接到供电线路系统中的中性线上，而不需专设接地线和大地相连。这样，当电器设备因绝缘损坏而碰壳时，相线（即火线）、电器设备的金属外壳和中性线就形成一个"单相短路"的电路。由于中性线电阻很小，短路电流很大，会使保护开关动作或使电路保护熔断丝断开，切断电源，消除触电危险。

在保护接零系统内，不应再设置外壳接地的保护方法。因为漏电时，可能由于接地电阻比接零电阻大，致使保护开关或熔断丝不能及时熔断，造成电源中性点电位升高，使所有接零的电器设备外壳都带电，反而增加了危险。

保护接零是由供电系统中性点接地所决定的。对中性点接地的供电系统采用保护接零是既方便又安全的方法。但保证用电安全的根本方法是电器设备绝缘性良好，不发生漏电现象。因此，注意检测设备的绝缘性能是防止漏电造成触电事故的最好方法。设备绝缘情况应经常进行检查。

2. 实验室用电的导线选择

实验室用电或实验流程中的电路配线，设计者要提出导线规格，有些流程要亲自安装，如果导线选择不当就会在使用中造成危险。导线种类很多，不同导线和不同配线条件下都有允许的安全载流量规定，在有关手册中可以查到。

在实验时，应考虑电源导线的安全载流量。不能随意增加负载，否则易导致电源导线发热，造成火灾或短路事故。合理配线的同时还应注意保护熔断丝选配恰当，不能过大也不应过小。过大会失去保护作用，过小则在正常负荷下会熔断而影响工作。熔断丝的选择要根据负载情况而定，可参见有关电工手册。

3. 实验室安全用电注意事项

① 进行实验前必须了解实验室内总电闸与分电闸的位置，以便出现用电事故时可及时切断各电源。

② 电器设备维修时必须停电作业。

③ 带金属外壳的电器设备都应作保护接零，定期检查是否连接良好。

④ 导线的接头应紧密牢固，接触电阻要小。裸露的接头部分必须用绝缘胶布包好，或者用塑料绝缘管套好。

⑤ 所有的电器设备在带电时不能用湿布擦拭，更不能有水落在设备上。

⑥ 电源或电器设备上的保护熔断丝或保险管，都应按规定电流标准使用，不能任意加大，更不允许用铜或铝丝代替。

⑦ 电热设备不能直接放在木制实验台上使用，必须用隔热材料垫架，以防引起火灾。

⑧ 发生停电现象必须切断所有的电闸，防止操作人员离开现场后，因突然供电而导致电器设备在无人监视下运行。

⑨ 合电闸时如发生保险丝熔断，应立刻拉开电闸并检查带电设备是否有问题，切忌不经检查便换上熔断丝或保险管再次合闸，这样容易造成设备损坏。

（四）消防知识

除严格遵守安全操作规程外，为防止意外事故，实验室应准备一定数量的消防器材。在实验室中进行工作，必须了解消防器材存放的位置及其使用方法，绝不允许把消防器材移作他用。实验室内常用的消防器材有以下几种。

1. 灭火沙箱

易燃液体和其他不能用水来灭火的危险品（如钾、钠）着火时，可用沙子来扑灭。它的灭火原理主要是隔断空气，同时还能起到降温的作用。灭火用的沙子中不能混有可燃性杂物，并且一定要干燥，潮湿的沙子遇火后水分蒸发会使燃着的液体飞溅。此外，还可用滑石粉末等不燃性固体粉末来灭火。

2. 石棉布、毛毡或湿布

这些器材适合迅速扑灭区域不大的火灾，也是扑灭衣服着火的常用方法。它们的作用在于隔绝空气，进而实现灭火。

3. 手提泡沫灭火器

手提泡沫灭火器外壳用薄钢板制成，里面有一个玻璃瓶胆，瓶胆中盛有硫酸铝，瓶胆外装有碳酸氢钠溶液，加有发泡剂。灭火液由 50 份碳酸氢钠和 5 份发泡剂组成，使用时，将灭火器倒置，泡沫即由喷嘴喷出，其化学反应式如下：

$$6NaHCO_3 + Al_2(SO_4) \rightleftharpoons 3Na_2SO_4 + Al_2O_3 + 3H_2O + 6CO_2 \uparrow$$

泡沫沾附在燃料物表面上，使之与空气隔绝而灭火。此类灭火器可用于扑灭实验室的一般火灾，油类着火时应在燃烧开始发生时使用，但不能用于扑灭电线和电器的着火，因为药液本身是导电的，会引起触电事故。

4. 四氯化碳灭火器

四氯化碳灭火器适合在电器设备着火时使用，灭火器中装有四氯化碳液体，并加入压缩空气（7×10^5 Pa），使用时将其倒置，喷嘴向下，旋开手阀，由于瓶内压缩空气的作用，使四氯化碳喷出。四氯化碳是一种不燃液体，其蒸气比空气重，能使燃烧物表面与空气隔绝而灭火。因为四氯化碳有毒，使用这种灭火器时要站在上风侧，注意防止中毒。用四氯化碳在室内灭火后，应打开门窗通风一段时间后，才能进入室内。

5. 二氧化碳灭火器

二氧化碳灭火器是装有压缩二氧化碳的耐压瓶。使用时旋开手阀，二氧化碳就急剧喷出，使燃烧物与空气隔离，并降低空气中的氧含量。当空气中的二氧化碳含量达到 12%～15%时，燃烧即可停止。使用二氧化碳灭火器时要注意防止窒息。

任务二　熟悉化工过程开发与实验技术

> **学习目标**
>
> 了解化工过程开发的意义；熟悉化工过程开发的内容；掌握化工过程开发的实验技术。

> **学习重点**
>
> 化工过程开发实验技术。

> **学习难点**
>
> 实验实训过程设计。

一、化工过程开发的意义

工业技术发展几乎都是与生产技术开发或者说过程开发紧密相连的。过程开发推动了生产的进步，对于化学工业也不例外。

化工领域的过程开发是指从实验室取得一定的小规模生产效果和相关试验数据之后（包

括采用某种新工艺、新原料、新产品、新催化剂、新设备等），将其过渡到第一套工业装置的全部过程。由于它涉及化学工业的化工工艺、化学工程、化工装置、设备材料、操作控制、技术经济等各个领域，包括了从试验研究到工程设计、设备选型、设备制造以及最终施工建厂、投入生产的所有过程，所以是一项综合性、技术性很强的庞大工程。

化学工业发展过程中，化学工程理论的发展大大缩短了从实验室向工业规模过渡的进程。尤其在化工数学模型化和电子计算机广泛应用的时代，把化工开发推向了一个新的高度，能使某些过程从实验室规模一次放大至数千倍甚至一万倍以上，并直接用于生产。最典型的实例就是精馏过程的放大。但是绝大多数的开发还达不到这种程度。

任何一种过程开发的第一个阶段都是从实验室开始的，这一工作是最基本的。通常实验过程对选择的工艺路线、反应方式、分离方法和步骤等各种方案进行对比，用所得的最佳数据（最大收率、最大选择性、最低能耗、最低投资费用）去证实方案的可靠性和可行性，以此确定开发工作能否进行下去。从这一意义上讲，实验阶段是开发工作的起点。但实验室研究成功的项目并不等于工业上能够实现，把实验室取得的成果过渡到工业生产还要进行一系列开发工作（包括模型装置和中间试验装置的设计等实验）。当然，这时的开发工作属于以工业生产为目标的工程阶段。

鉴于目前化工过程开发处于从经验向科学过渡阶段，相似放大已不能满足复杂过程的要求。数学模拟放大是当前最重要的放大手段。可是不管是经验、半经验或数学模型的放大方法，原始数据的来源大多是从实验中取得。故掌握实验技术，掌握进行实验的操作技能，是快速、准确、有效地进行化工开发工作的基础。

二、化工过程开发的内容

化工过程开发工作从何处入手？它的范围如何？步骤是什么？与实验技术有何联系？这些问题都是化工生产的过程开发所需要说明的。

从广义上讲，化工过程开发是对某一产品进行全面开发以满足国民经济发展的需要；从狭义上讲，在开发产品的过程中，对每一个局部问题的处理和解决都应视为开发。当然化工过程开发中也存在技术风险，主要表现在工艺发展前途和竞争状况等方面。所以，化工过程开发必须工艺先进、经济合理、技术可靠。若对其他技术领域也有价值，则将更有开发意义。

通常将开发过程分为过程研究和工程研究两大类。过程研究包括小试、中试、冷模实验等实验内容，以及有关问题的实验室研究工作。工程研究是在实验室研究的基础上进一步从工程的角度收集整理有关技术资料，进行概念设计以及开发中的各种评价和基础设计。小型实验若不能揭示过程的各种特征，用工程研究就很难有应用的可能性。实验基础不牢固，往往导致实践的失败。因此，实验室研究工作的深度和广度并不亚于过程研究本身。它是整个化工开发的重要组成部分。例如，各种分析方法的研究、催化剂的开发、反应动力学数据测定、最佳工艺条件的选择等。进行这类工作的研究者要有足够的工程经验和理论水平，并掌握一定的实验技术，这样就能在小试中通过现象的积累形成概念，最终完成概念设计和基础设计。开发应尽可能利用数学模型，通过实验再修正，最终完成设计。

由于化工反应过程的放大其传递现象不能按小型设备取得的数据进行预测，因此必须用相当规模的模型实验去测定工程数据，故二次、三次评价基本上是中试实验，而第一次评价差不多全部是小型实验。实验进行过程中把资料上所不能解决的问题都予以解决，这样形成的概念和设计是可靠的。评价结果若达不到理想的设计目的，则开发就要中止。因此，要尽可能地在前期做好各种评价，以避免出现开发最终不得不终止的情况。

三、化工过程开发实验技术

化工过程开发的实验技术包括实验中的主观和客观所具备的条件。前者是指在探求客观事物存在的规律中采用什么样的方法，以期用最少的实验获得可靠而明确的结论；后者是指在研究过程中选择什么样的装置，以什么样的手段获得过程和工程研究中所需的相关数据。

在实验中，通常采用普遍适用于各类研究的与对象特征无关的实验简化方法，如网络法、正交设计法、因次分析法、序贯设计法等。但真正大幅度简化则必须考虑特殊对象，不能随意采用上述方法安排实验，若采用数学模型使实验分解和简化，往往能快速获得最优结果。

在安排实验时，必须涉及实验方法论，应注意工程与实验的特性。以获得一般规律并具有普遍实用性为目的与仅为解决特定的工程问题为目的是不同的，故采用的方法也不同。

化工过程开发实验属于工程实验，否则会使实验进入纯理论研究而不能快速解决实际工程问题。

化工过程开发的实验过程仅有正确的方法而不能采用先进的实验装置和巧妙的实验手段，也是得不到可靠数据的。所以，当选定一种研究课题后，必须构思一条完成该任务的研究方案，查阅有关文献和资料，选择流程，确定研究的设备，之后才能展开工作。由于化工技术进展迅速、范围广泛、内容复杂，选择并建造优良的实验条件，是开发成功的关键。因此，实验技术显得格外重要。

当前，化工过程开发研究方面所采用的实验技术有：基础研究的物质物性常数测定技术（包括纯物质或混合物的各种物性数据）、分析测试技术（包括化学分析与仪器分析）、催化剂制备与性能测试技术、化工反应技术（包括气液和气固反应、气固相催化反应、微型感应色谱、无梯度反应、程序升温脱附、激光反应、生化反应技术等）、分离技术（包括精馏、离子交换、膜分离、吸附分离、萃取、结晶、过滤、层析等）、高压实验技术、真空与超级真空实验技术、放射性物质的反应与测试技术以及与实验有关的自动控制技术等。实践中可根据研究目的选择相应的实验技术。

陈敏恒教授曾把实验过程大体分为两个阶段，即预实验阶段和系统实验阶段。预实验的目的是对研究对象有一个定性，最多是半定性的全面认识。这个阶段没有全面的计划，通过实验提出新问题，组织新的实验。一般把预实验分为三种情况：①为认识研究对象的规律和特征而专门设计的认识实验；②为弄清影响实验结果的各种因素而专门组织的析因实验；③对实验结果进行理论思考加工后再进行验证的鉴别实验。预实验是为概念设计服务的。

系统实验是为基础设计而进行的定量实验，有缜密的实验计划，使实验有系统地进行。实质上是以解决放大问题为目的，既是实验方法问题，也是选择放大路径的问题。

许多研究工作通常遵循由小到大的实验原则，但也未必一定这样进行。例如某化工产品的工艺开发，开发的首要任务是进行催化剂研究。一旦该催化剂经初步评价认为有工业化前景时，工作即可进入开发的其他阶段。这时需进行反应动力学数据测定，以便进行反应器放大。在这之前，又必须确定反应器的类型。只有这些实验结束后才能建立中试装置。

物料分离问题一般困难较少，在小规模实验之后即可建立中试装置。有些物质分离不经过中试也可放大，因为这些过程基本属于物理过程。化学过程则不然，就反应器放大而言，就比前者困难得多。虽然化学反应本身并不随装置变化而发生改变，但工程性的传递过程则会影响化学反应，这就必须进行放大实验。在许多情况下甚至需多级模拟放大才能保证放大的成功。这就是说，反应器放大只有经过测定物质的传递数据后才能最后确定反应器尺寸。

分析方法研究应放在首位，它对工艺过程开发很重要。有些物料需要有新的分析方法。对化工开发过程重要的是分析方法的可靠性和经济性。凡能选用标准方法的尽量使用标准方法。反应过程中必须选用适当的分析方法对物料变化进行监督，这也是控制最优化的基本量度。分析数据的可靠性关系到化工开发的前途，因此有关分析方面的实验技术是极为重要的。

物性数据包括相平衡、临界参数、热物性数据及传递参数和安全技术等方面的特性数据。大部分数据可通过查阅手册，利用经验或半经验公式计算获得。当前各种数据库已经存储了所有公开发表的数据。如果不能满足要求则须进行直接测定。测定方法应尽可能利用文献推荐的装置或标准装置进行。如测定方法太复杂又须自行设计，则应把问题和热力学性质适当简化，以便能适合已知的测定方法。相平衡数据测定是化工开发的重要实验技术内容，其方法很多，可通过多种方法测定。

动力学数据测定中，对机理研究的测定技术不应列入化工开发的实验内容。因为有许多催化剂在工业上已成功应用，虽然机理尚未清晰，但也能有效放大，这已被众多的实例所证实。如果通过机理模型测定反应动力学速率方程并应用反应器模拟放大，则不属此例。

单元操作实验是开发过程的重要内容之一。因为实验条件下的许多准数方程未必普遍适用，要进一步在开发实验中给予修正。如传热中对流给热是主要的，但在固体物料参与下有升华、凝固现象存在时，所有的间接传热都与热传递有关。传质问题比传热更复杂，实验中同时测定浓度差、温度差、压力差是非常困难的，必须以符合工艺传质设备的实验为依据，利用传热类似性和双膜理论、渗透理论测定传质阻力，利用湿壁塔或自由液体射流技术测定气液间传质系数，再考虑各种因素在模型装置上进行调整和计算，这样就能达到工业规模的分离效果。

总之，化工过程开发实验技术是提供开发新工业装置数据的手段，精通实验技术是做好开发工作的基本条件。

想一想：
化工过程开发需要考虑哪些问题？

任务三　了解化工工艺流程的组织原则

学习目标

熟悉化工生产工艺路线选择、原材料来源与生产规模确定、能量回收与利用及"三废"

处理与综合利用。

> **学习重点**
> 化工生产工艺路线选择、生产规模确定。

> **学习难点**
> 生产规模的确定。

一、化工生产工艺路线选择

近年来化工生产技术发展十分迅速，产品越来越多，技术也越来越先进、成熟，同样一种原材料可以生产出各种不同的产品，同一种产品又可以采用不同的技术路线与不同的生产工艺。因此，要确定一种较为理想的生产工艺路线，必须经过全面的分析比较。

（1）生产方法的技术经济指标　技术经济指标包括产品产量和质量、劳动生产率、原材料与能量消耗、资金占用、资金利税率、产值利税率、主要技术装备的更新周期以及先进设备的自给率等。

（2）技术的先进性与可靠性　首先要考虑采用比较先进的生产工艺路线，但同时也要保证先进技术的可靠性，即先进与可靠两者必须同时考虑、不可偏废。化工生产要尽量采用连续性生产，使产品质量稳定、流程简单、设备紧凑、便于自控、节省投资、降低成本。

（3）经济技术比较　经济指标包括设备投资、消耗定额、产品成本等。一条好的工艺路线，不但要技术上先进，经济上也要合理，即尽量做到投资少，原材料、动力消耗少，物料循环量少，能量综合利用好。

（4）"三废"处理措施　"三废"处理措施是否具体可行，能否达到国家标准，也是必须考虑的问题。任何生产工艺路线都不可能十全十美，因此在设计生产方案时，要根据具体情况，抓住主要矛盾和主要问题，提出合理的"三废"处理方案。

二、原材料来源与生产规模确定

生产需用的主要原材料一般都应尽量做到立足国内，立足本地区，努力达到自给。如能利用本厂联副产品或其他装置的"下脚料"，则应首先考虑利用。在对各种原材料的经济指标进行比较时，还要考虑运输等条件。

生产规模包括主产品和各种副产品的年产量。一个装置生产规模的大小，一方面要考虑原材料资源情况、国家计划安排以及市场容量，另一方面还要考虑单位产品成本和能耗、企业经营管理水平等。

确定石油生产装置经济合理最优规模的方法有：总费用最低法（即达到一定产量规模支付的总费用最低）和利税最大法（即达到一定生产规模获利税最大）。

总费用最低法的计算公式为：

$$F(V) = C(V) + S(V) + Q(V) \times E(V)$$

式中　$F(V)$——年产量 V 的总费用，元；
　　　$C(V)$——年产量 V 的生产费用，元；

$S(V)$——年产量 V 的流通费用，元；

$Q(V)$——新建（改建）装置直接和相关的基建投资额，元；

$E(V)$——基本建设投资效益系数。

三、能量回收与利用

化工生产一般能量消耗都比较大，做好能量的回收利用，不仅可以节约大量燃料、动力和投资，还可减少生产费用，降低生产成本。能量回收包括热量和动力两部分，在石油化工生产中，主要是热量的回收和利用。

(1) 废蒸汽的利用 如将高压蒸汽去供压力较低的设备使用，或去加热其他冷介质，形成二次蒸汽、三次蒸汽阶梯形分级使用，可合理利用热量。

(2) 冷热物料交叉换热 可充分利用冷热物料本身自相换热，节约蒸汽和冷却水。

(3) 废热利用 对于大型裂解装置，从裂解炉出来的高温裂解气可通过废热锅炉产生高压蒸汽，再进入蒸汽透平机带动大型压缩机，节约大量电力。同时，利用工艺过程的热能，通过废热锅炉产生蒸汽，作为工艺生产需要的能源，可使能量得到合理利用。

总之，在石油化工生产中，能量的回收利用是很重要的一个问题，但在能量回收利用时，必须与投资、操作费用平衡考虑，不能为了利用一些热量，使工艺操作复杂化、动力消耗增大、投资过大，得不偿失。

四、"三废"处理与综合利用

在生产化工产品的同时，通常都伴随着产生大量的"三废"，即固体废物、悬浮液和渣浆、排放水、废气、粉尘等有害物质。

"三废"治理工作首先应考虑改革不合理工艺，使"三废"少产生或不产生，把"三废"消灭在生产过程中。因此，选择工艺路线时，不仅要对几种不同的生产方法进行技术经济上的比较，还要重点考虑有没有"三废"，或"三废"处理措施是否可行，处理结果能否达到国家规定的排放标准。

对于生产工艺中不能解决的"三废"问题，要开展综合利用，化害为利，变废为宝。对不能综合利用的"三废"，也要有切实可行的治理措施。"三废"的处理方法主要有化学法、生物法和物理法等。

在组织生产的同时，结合开展"三废"的综合利用与回收利用，不仅可以减少污染，还可以降低成本、减少消耗，所以有人称"三废"是资源的第二次开发。

> **想一想：**
> 什么样的生产路线是既经济又合理的？可以用哪些指标进行判断？

任务四　掌握化工开发实验与安全技术

> 学习目标

掌握化工开发实验涉及的内容以及实验过程安全技术。

> 学习重点

化工安全技术。

> 学习难点

实验过程安全。

化工实验是一门实践性很强的技术，在实践过程中必须遵守一些共同的、不可违反的安全要求。由于化工开发实验涉及内容十分广泛，对研究人员来说，应有足够的安全知识才能保证工作顺利进行。因为在实验过程中要接触具有易燃、易爆、有腐蚀性和毒性或放射性的物质和化合物，同时还要在高压、高温或低温、高真空等条件下操作，此外还涉及用电和仪表操作等方面的问题，故要有效达到实验目的就必须精通安全技术。

实验与安全是不可分割的。安全要贯穿整个实验过程，掌握实验技术也要掌握安全技术，这是由化学工业的特殊性所决定的。化工安全技术是一门独立的学科，对于化工实验应真正了解以下安全问题。

① 对化学危险物质使用不当会造成严重事故。

② 为防止可燃物燃烧、爆炸引起危害，必须保证良好的通风。电器和实验设备布局与安装都应符合规范要求。

③ 设备设计错误与操作失误会带来严重危害，装置应力计算必须校对。操作失误不仅会造成设备损坏，也会因事故造成人员伤亡。往往在实验后期接近成功时，由于操作的失误会导致前功尽弃。因此，绝不允许不经安全技术教育的人员进行实验操作。

 ## 任务五　化工专业实训设计案例分析

> 学习目标

熟悉化工工艺专业实训设计与开发的基本要求，掌握实验装置安装基本操作；了解化工工艺实验设计案例，掌握以乙醇和苯为原料生产苯乙烯的过程操作。

> 学习重点

实验装置安装基本操作，以乙醇和苯为原料生产苯乙烯的过程操作。

学习难点

生产苯乙烯的实训过程设计与操作。

一、化工工艺专业实训设计与开发的基本要求

① 要有相对完整的基本理论（反应原理）作支撑。对所开发的实训项目要写出主、副反应方程式，并注明主、副反应发生的趋势及发生反应的条件。

② 要有合理的实训方案。要根据化工生产的特点和所开发实训项目的具体情况来确定合理的实训方案，即确定实训工作流程。

③ 要有相对确定的工艺条件。即明确反应条件（温度、压力、原料配比、催化剂等）和分离条件（精馏、结晶、过滤、干燥等），从而确定其反应深度和分离精度。

④ 要规划出合理的实训工艺过程（工艺流程）。根据所开发的实训项目，绘制实训装置流程图，并注明主要设备的结构及主体尺寸，为实训设备的选择或加工、制造或安装创造条件。

⑤ 设计正确的实训过程与步骤。按照所设定的实训步骤进行操作，获得相关试验数据，或验证设定的数学模型、选择最佳工艺条件，并生产出一定数量的产品。

⑥ 设计或选择合理的原料或产品检测方法。合理的分析方案不仅能够检测原料的纯度、产品的组成，还能为所获得的试验数据的可靠性提供一定的保证。

二、乙醇脱水生产乙烯工艺设计实训

本实训项目重点讲解毛细管流量计的校验、实训装置的搭建、流程的安装、催化剂装填活化以及气固相催化反应过程如何实现。

（一）毛细管流量计的校验及实训装置的安装

1. 气体流速的测量

实训室一般采用毛细管流量计（也叫锐孔流量计），图1-1为毛细管流量计校正流程图。

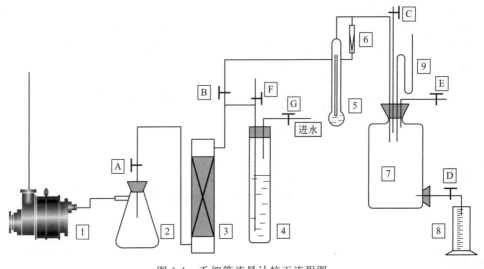

图1-1 毛细管流量计校正流程图

1—压缩机；2—缓冲瓶；3—干燥器；4—稳压器；5—压差计；6—毛细管；7—集气瓶；8—量筒；9—U形压差计

当气体通过毛细管时，因受阻力而产生压差，造成流量计毛细管前后的液面差，流速越大，液面差越大。当流速与温度一定时，液面差也保持不变。根据可测流速范围的不同，可以选择不同长度和直径的毛细管。当所测流速较大时，应采用直径较大、长度较短的毛细管；当所测流速较小时，应采用直径较小、长度较长的毛细管。流量计中的液体可以采用水、饱和盐水、四氯化碳等，这需要根据所测气流速度的大小及性质而定，气体流速大时，宜采用比重较大的液体。不能采用与所测气体有化学作用的液体。流量计中的缓冲瓶用来防止流速突然增大时，将压差计内液体冲出。

2. 流量计的校正

（1）校正的基本原理　毛细管流量计是利用气体通过毛细管时，由于有阻力而在毛细管前后产生了阻力降（压力降），通过测量压力降可找出其与流量的对应关系，从而确定气体的流速。如果毛细管一定，根据伯努利方程式和连续性方程可以得到以下公式：

$$w = 2y \times \frac{\Delta p}{r}$$

式中　w——流速的平方；

　　　y——管径；

　　　r——$\rho \lambda L$。

从上式可以看出流速与压降的1/2次方成正比，因此可以通过不同的压降 Δp 找出相应的 w，做出 $\Delta p \sim w$ 关系曲线，应用该关系曲线就可以通过测量压降 Δp 得到相应的 w，进而计算流速。

（2）毛细管流量计的校正步骤　按图1-1安装毛细管流量计，先进行系统试漏，该系统试漏采用负压法。将集气瓶7中注满水，将U形压差计9上接胶皮管的螺旋夹夹紧，旋紧螺旋夹E，关闭旋塞B、C，拧开螺旋夹D，若集气瓶中滴几滴水后不再滴水，即不漏气。若漏气则应把漏气处找到，并进行处理，如此反复下去，直至整个系统不漏气为止。

具体校正步骤如下：

① 关闭螺旋夹D，将集气瓶注满水，将旁道A、C全开，关闭旋塞B，开动空压机逐步关小旁道A，使稳压瓶内产生少量气泡。

② 调节B使 Δp 为指定值，当稳压后，关闭旁道C，同时调节螺旋夹D，使排出集气瓶的水量等于进入集气瓶的气体量。此时集气瓶上的压差计应不出现压差。

③ 稳定后，将排出的水量用秒表定时放入量筒中，记下时间、水量、流量计的压降 Δp。重复上述操作，直至数据吻合。即相同的 Δp 下，单位时间内排出的水量相同。将数据记录在表1-4中。

表1-4　压降、流量及时间的关系

压降 Δp					
流量 w					
时间					

④ 改变 Δp 值，重复上述步骤，获得几组不同数据，将数据记录在表1-5中。

表1-5　压降 Δp 与流量 w 的关系

压降 Δp					
流量 w					

⑤ 做出 $\Delta p \sim w$ 关系曲线。

(3) 实验注意事项

① 实验操作点应选择曲线斜率较小处为宜，以保证流量变化较小时也有较大的 Δp 变化。

② 毛细管必须保持干燥、干净。若因操作不慎将指示液冲入毛细管，必须洗净、吹干后再用。干燥好的毛细管不要用嘴吹。

3. 实训装置的安装

因为在系统中常常有易燃易爆气体，所以在安装装置时必须注意保证系统的气密性，为此，在选用橡皮塞或乳胶管时应选用富有弹性的，且乳胶管与玻璃管径相同，这样才能紧紧套在玻璃管上，而不产生泄漏。另外，在连接玻璃管时要将玻璃管管口烧至光洁，以免刺破乳胶管。套玻璃管出现困难时，可在玻璃管上涂些甘油或水。用乳胶管连接两个玻璃管时，最好应使两个玻璃管碰上，乳胶管不用太长，一般 2cm 即可。

应选用口径合适的塞子，使得塞后有 2/3 的高度进入瓶中。装玻璃管或其他物件时，所选打孔器的直径应略小于所需安装物件的直径，所打的孔必须垂直。

注意：安装实验实训装置时，应尽可能缩短各仪器之间的距离。在不影响操作的情况下，还应注意美观和整洁。

4. 检查系统气密性的方法

检查系统气密性的方法有正压法和负压法。

(1) 正压法　就是给系统中造成正压。即向滴定空气的集气瓶中注入自来水，从而使系统中形成一定的正压。当系统产生约 400mmH$_2$O（约 4kPa，1kPa=102mmH$_2$O）正压时，停止加水。如果压力计读数不变，就表示系统不漏气。如果压力计读数逐渐下降，就表示系统有漏气的地方。压力计的读数下降得越快，漏气就越严重。

(2) 负压法　一般用 10～20L 的细口瓶连入系统，打开放水活塞，使瓶中水流出，系统形成负压，然后关闭活塞，根据压力读数的变化来判断系统的气密程度。当发现系统有漏气现象时，应设法判定漏气的具体位置。可采用分段检查的方法，缩小检查的范围，这样比较容易发现漏气的地方。用肥皂水涂抹在连接处可能漏气的地方进行检查。有时，有的活塞不够严密，也有可能漏气。当找到了漏气的地方时，就设法改进改装，使之不漏。实在没有办法时，才采用封胶堵漏。

（二）催化剂的制备原理及活化方法

1. 催化剂制备

(1) 称重、溶解　用牛角匙取 AlCl$_3$·6H$_2$O 置于洗净擦干的大表面皿上，用粗天平称取 92.6g。倾入洗净的 1000mL 大烧杯中，加蒸馏水 150mL 左右，搅拌，制成 AlCl$_3$ 水溶液。

(2) 沉淀　制备含 NH$_3$10% 的 NH$_4$OH 水溶液，用比重计测 NH$_4$OH 水溶液比重，由比重换算成含量 [d_4^{20}=0.965 时，NH$_3$（质量分数,%）=8；d_4^{20}=0.958 时，NH$_3$（质量分数,%）=10；d_4^{20}=0.950 时，NH$_3$（质量分数,%）=12]。将 NH$_4$OH 水溶液加入洗净的碱滴定管中，逐滴将 NH$_4$OH 滴入 AlCl$_3$ 水溶液中，用搅棒搅拌，使 Al(OH)$_3$ 沉淀生成。反应方程式如下：

$$AlCl_3 \cdot 6H_2O + 3NH_3 \longrightarrow Al(OH)_3\downarrow + NH_4Cl + 3H_2O$$

继续加 NH_4OH 至 pH=8 为止。记下 NH_4OH 的浓度和总加入量，并与理论计算量比较。

(3) 过滤　按图 1-2 安装真空过滤实验装置。

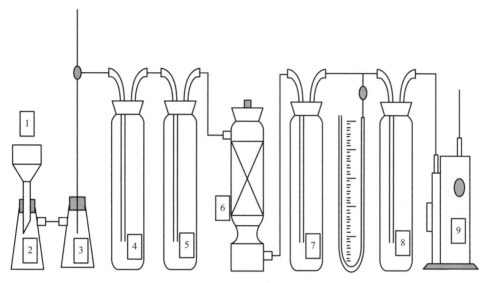

图 1-2　真空过滤实验装置

1—漏斗；2—吸滤瓶；3,5,7,8—缓冲瓶；4—浓硫酸吸收瓶；
6—固体 NaOH 干燥塔；9—真空瓶泵

用洗净的布氏漏斗连接真空泵进行过滤，滤纸应比漏斗内径稍小，用极少量蒸馏水润湿铺平。实验室使用的真空泵是往复液片式泵，为了保护真空泵，不使水蒸气进入泵内，应先用脱水能力强的浓硫酸吸收脱水。经过浓硫酸的气体带有酸性，对系统有腐蚀，酸性气体经过固体氢氧化钠中和，使进入泵的气体显中性或微碱性，固体氢氧化钠还起到吸附脱水的作用。过滤完毕，要取下布氏漏斗时，需先打开二通活塞；停真空泵时，也要先打开二通活塞，使系统放空。

(4) 洗涤　在一个洗净的 500mL 烧杯中，加入约 200mL 蒸馏水和约 2mL 浓氨水，将布氏漏斗中的 $AlCl_3$ 滤液取出，倾入该烧杯中，置于电炉上加热到约 60℃，同时搅拌约半小时，趁热再进行真空过滤。重复洗涤过滤十几次至滤液中基本无 Cl^- 为止，可用几滴 1% $AgNO_3$ 检查有无 AgCl 白色沉淀生成。每过滤一次，应将吸滤瓶中的滤液倒掉，并洗涤吸滤瓶，以防万一滤纸被抽破时，滤液和 $Al(OH)_3$ 滤饼仍可回收。

(5) 成型　将洗涤好的浆状 $Al(OH)_3$ 盛入表面皿放入烘箱，在 50℃时将水分干燥出一部分，当干燥至水分适当时，挤入挤压机挤条成型，挤出的条状 $Al(OH)_3$ 置于洗净的搪瓷盘中。

(6) 干燥　将盛有 $Al(OH)_3$ 的搪瓷盆置于烘箱中，于 110℃下干燥 4h 至重量不再变化，即两次称重，重量相等，则干燥结束。

(7) 称重　取一个 50mL 量筒洗净、烘干、称重。将干燥的 $Al(OH)_3$ 用干净的玻璃棒敲成黄豆大小的小粒。催化剂不能用手接触，不要落到实验台上或地上，以免弄脏。将量筒置于搪瓷盘下，将干燥的催化剂颗粒小心地加入量筒内，目测催化剂自由落入的视体积

（堆体积）并称重，计算其密度，将数记下。量筒加盖软木塞，将催化剂暂存在量筒中。

2. 催化剂活化

（1）液瓶称重　作为凝液收集瓶的三口烧瓶，洗净、干燥，配上合适的软木塞或胶塞，将瓶用一支座支承，瓶和座一起放在粗天平上称重。瓶塞和支座要妥善保存，并注上记号，后面称活化结晶水量和产品量时还要用。

（2）安装催化剂活化实验流程　按图1-3安装催化剂活化实验流程。反应管3中部装催化剂，催化剂两端放置小瓷环或小玻璃管，催化剂与小瓷环之间夹一点玻璃棉，反应管两端装玻璃棉，以便将催化剂和瓷环固定。活化流程安装完毕，请教师检查，教师同意后，方可准备升温活化。

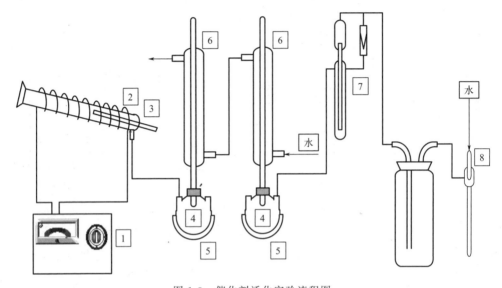

图1-3　催化剂活化实验流程图

1—温度控制仪；2—管式加热炉；3—反应管；4—凝液收集瓶；5—水浴锅；
6—冷凝器；7—毛细管流量计；8—稳压瓶

（3）催化剂活化　将温度指示仪指针调到0，接通电源开始升温，首先升到400℃，等稳定后再进行调节，要逐渐升温到500℃，温度恒定后，开水冲泵将空气抽入瓷管，控制空气流量为0.3L/min左右，打开冷凝器冷却水，水量不要大，流出的水能连续即可。

在空气流中，500℃活化4h。

开始升温后，即开始记录：时间、电流、管式炉温度、反应管内温度、流量、现象。每十分钟记录一次，将数据填入表1-6中。

表1-6　活化过程记录表

时间						
电流						
管式炉温度						
反应管内温度						
流量						
现象						

活化完毕后，请教师检查，教师同意后，即可调节温度控制仪，逐渐降温，关闭冷却水，关水冲泵进水，将凝液收集瓶配上原塞、原支座，在粗天平上称重，计算分解产生的水的质量。

反应管降温至常温后，取出催化剂，用洗净、干燥的量筒测其堆体积、称重；与活化前进行比较，计算体积减小的百分数。

按下列反应方程式，确定活化后催化剂的分子式：
$$2Al(OH)_3 \longrightarrow Al_2O_3 \cdot xH_2O + (3-x)H_2O$$

注意：若工艺实验时间短，无法制备催化剂，则催化剂可由实验教师提前制备。

（三）流程安装及系统试漏

1. 流程安装的基本操作

（1）配塞子和打孔

① 选择大小合适，不用预先作任何加工就可以严密地塞在瓶口上的白胶塞，以能插入瓶口 1/2～1/3 为宜。

② 白胶塞使用前应擦净。

③ 打孔器的孔应与玻璃管外径一致，打孔前打孔器用甘油润滑。

④ 打孔应两面打，先从小的一端，垂直顺时针方向旋转打入 2/3 左右，然后从大的一端再打，两面打的孔应对准重合。

⑤ 打完后，用细圆锉锉光。

⑥ 玻璃管插入白胶塞的孔时，孔处应用水或其他惰性液体润滑，不断旋转而入，管与塞应严密，防止漏气，插入玻璃管时，手握的位置尽可能靠近白胶塞，不得用手握在玻璃管弯曲的部位，因为这样容易使玻璃管折断，刺伤手指。

⑦ 刚开始打孔时，可用废旧塞练习。先在小塞子上打，熟练后，才能在大塞子上打。

图 1-4 为把玻璃管插入塞子的正误操作示意。

图 1-4 把玻璃管插入塞子的操作

（2）截取玻璃管

① 根据需要截取玻璃管，为了合理使用玻璃管，应尽量用短的玻璃管，只有在特殊情况下，才能用长玻璃管。

② 截取时，将玻璃管平放在桌子边缘，左手握住玻璃管，将左手拇指指甲放在将要截断的玻璃管的切口处。

③ 右手拿三角锉刀，锉刀靠在左手拇指旁，用锉刀的棱边压住玻璃管要截断的地方用力向回拉，使玻璃管锉出一道深而短的切痕，切痕应与玻璃管轴向垂直。

④ 锉刀只能向一个方向锉，不准来回锉，以免损坏锉刀。

⑤ 双手握住玻璃管，两个拇指抵住切痕的背面，使截断处的刻痕正处在两个拇指之间，稍用力向两端拉出，同时轻轻用力弯折，将玻璃管折成两段。

⑥ 将玻璃管内擦干净，若有少量水点时可加热蒸发；不准有水珠，防止水柱倒流到玻璃管的加热端，使玻璃管炸裂。

⑦ 干燥的玻璃管的切断处，用锉刀锉齐，再在酒精灯上烧圆，即烧熔化时该处玻璃平滑，否则，在安装流程时会将连接的乳胶管划破而使系统漏气，也会因安装不慎将手划破。

⑧ 烧过的玻璃管应放在石棉网上或耐火板上，使之逐渐冷却，不能放在实验台上，以免烫坏桌面。

图 1-5 为截断玻璃管操作示意。

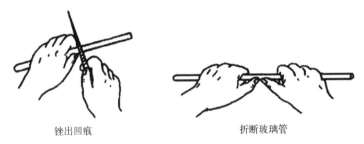

锉出凹痕　　　　　　　折断玻璃管

图 1-5　截断玻璃管

（3）酒精喷灯的使用

① 用漏斗向酒精储罐注入经过过滤的 400mL 左右酒精，将盖拧紧，将旋塞拧到畅通位置。将酒精储罐挂在高处，酒精即顺着橡胶导管流到喷灯的下部。立即将喷灯旋钮拧紧，防止酒精喷出形成喷泉，再将喷火孔打通。

② 向喷灯中间的引火碗中加入 2mL 酒精，用火柴点燃引火碗中的酒精，将喷灯内的酒精加热。

③ 碗中酒精烧尽时，将喷灯开关稍拧开，喷灯内酒精即汽化喷出，用火柴点燃酒精蒸气。

④ 调节喷灯旋钮开关，使酒精蒸气火焰大小适当。

（4）弯玻璃管

图 1-6 为弯玻璃管操作示意。

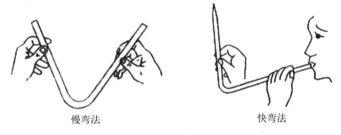

慢弯法　　　　　　　快弯法

图 1-6　弯玻璃管

① 用干布将玻璃管内外擦干净，用小火预热一下。

② 双手拿住玻璃管，将玻璃管要弯的部分放在喷灯的宽火焰上，不断朝一个方向转动，把将要弯成弯管外面的一侧灼烧得较强烈一些。

③ 待玻璃管发黄软化时，将玻璃管从火焰中拿出，稍等 1~2s，轻轻弯一下，弯成所需

的角度。在火焰中弯,容易发生扭曲。为了不使弯曲的地方收缩,可以采用预先将玻璃管一端用石棉绳封严,在弯曲时向玻璃管中轻轻吹气的方法。

④ 若一次弯不成所需角度,可以再放进火焰中继续加热,受热的部位较前一次偏右或偏左一点,玻璃管再次软化后,从火焰中拿出,弯成所需的角度。弯好后放在石棉网上冷却。

⑤ 弯玻璃管要经过几次实践才能弯好,要先用旧短玻璃管练习。弯管时要耐心、细心。要求弯管角度准确,整个玻璃管在同一平面上,弯曲部分的厚度和外径必须保持均匀。

⑥ 弯坏的玻璃管要及时处理和回收。方法是:在坏弯管处两旁用锉刀将玻璃管截断,短管用做连接管,长管可继续弯玻璃管,坏弯管投入铁簸箕中,由弯坏者负责处理。

(5) 洗仪器

① 脏的玻璃仪器先用洗液(浓硫酸+重铬酸钾)洗,洗液洗完后回收,倒回洗液瓶,也可以用洗衣粉清洗仪器。

② 第一遍水倒入水缸,再用水冲洗几遍,最后用蒸馏水洗一遍,蒸馏水用量约为容器容积的1/10,能将器壁润湿即可。

③ 磨口塞胶管不能用洗液洗,可以用水、蒸馏水洗,最后用试剂溶液洗一遍。

④ 洗仪器要认真、小心,不要着急,防止打碎玻璃仪器。

2. 安装流程

① 安装流程必须认真,一丝不苟。

② 流程安装应从左到右,由下到上;先放仪器,后配弯管。

③ 流程安装应整齐,从侧面看,主要设备仪器应成一条直线。仪器应竖直,管路应竖直水平,除特殊情况外弯曲处都应成90°。

④ 流程布置应便于操作。

⑤ 气管用玻璃管都需要洗净。当气体不能和水接触时,管路还要干燥。两个玻璃管的接头胶管用富有弹性的乳胶管。接头胶管要短而紧,一般长度为30mm左右,内径要稍小于被连接的玻璃管。用乳胶管连接玻璃管时,可用手指蘸点水,在玻璃管上涂一圈作为润滑剂,然后将乳胶管旋转接上。被连接的两段玻璃管的端点要尽可能地接近,这样不但连接处紧密,而且连接处的胶管不易被管内流体溶胀或腐蚀。

⑥ 磨口玻璃仪器的磨口、三通活塞、酸滴定管活塞的旋塞表面应涂一层薄薄的凡士林润滑。旋塞另一端套小橡皮圈,以防止旋塞滑出打碎。

⑦ 冷凝器反应管等仪器要用万能夹夹住,要适当夹紧,以防滑落。

⑧ 分液漏斗用铁圈固定,分液漏斗的塞子要用细棉绳与漏斗系住,防止掉出打碎。水冲泵要用铁丝、棉绳与水龙头系牢,以防打碎。

⑨ 冷却水管用旧橡胶管。没有特殊要求的长玻璃管应该用短玻璃管接起来,要注意勤俭节约。

3. 安装注意事项和检查系统气密性的方法

安装注意事项和检查系统气密性的方法同毛细管流量计的校验和实训装置的安装部分,此处不再赘述。

(四)乙醇催化脱水生产乙烯过程

1. 实训目的要求

通过实训过程,使学生掌握气固相固定床催化分反应连续操作流程的安装;熟悉气体常用测量仪表、加热电器的使用;掌握气固相固定床催化反应连续操作的实验方法;熟悉气体分析仪的原理和使用;学会数据的选取、整理;学会收率、空速的计算和物料衡算方法。

2. 反应原理及工艺条件

乙醇脱水按下列反应方程式进行:

$$CH_3CH_2OH \longrightarrow CH_2 = CH_2 + H_2O$$

反应工艺条件:催化剂为 $Al_2O_3 \cdot H_2O$;温度为:380~400℃;压力为常压。

3. 脱水反应

乙醇催化脱水制乙烯装置流程如图 1-7 所示。

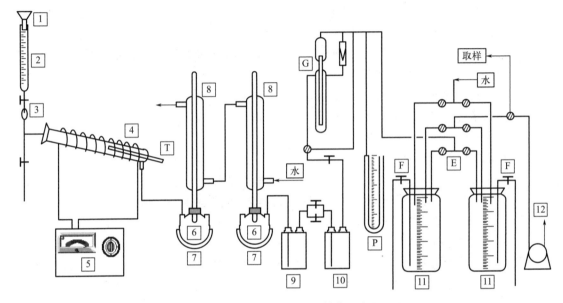

图 1-7 乙醇催化脱水制乙烯装置流程

1—乙醇加料漏斗;2—乙醇加料管;3—观察窗;4—反应管;5—调温器;6—凝液收集瓶;
7—水浴瓶;8—冷凝器;9—缓冲瓶;10—碱洗瓶;11—乙烯储瓶;12—水冲泵;
T—温度计;P—压力计;G—锐孔流量计;E—三通活塞;F—螺丝调节夹

(1) 反应管装催化剂　反应管 4 中部,温度计的顶端附近,装催化剂和活化时相同,催化剂前面的玻璃棉小瓷环起到将乙醇加热汽化并且预热到反应温度的作用,催化剂后面的小瓷环玻璃棉起到防止催化剂被夹带出反应管的作用。

将反应管装入管式炉时,首先将炉子支架支起,用石棉绳垫好,然后将反应管轻轻放入炉内,放好热电偶后关好炉子,将两头用石棉绳堵好。

(2) 乙烯储瓶量体积　瓶壁上垂直地贴一条方格纸,瓶内注满水后,由出水口放水,用 500mL 大量筒测流出水量,根据流出水量在方格纸上写出体积,单位为 mL 或 L。

在乙醇加料管 2 中加入 50mL 纯乙醇。乙醇加料管 2 顶部与观察窗 3 测管相连,以保持压力平衡,顺利加料。反应管倾斜 20°左右,进口稍高,以便乙醇顺利流下。反应管左端的乙醇加料管要深入玻璃棉中,以便使加入的乙醇及时分布均匀,反应管左端的白胶塞要塞紧,为了防止胶塞冲开,用细铁丝扎紧。碱洗瓶不盛水,瓶塞要塞紧,用细铁丝扎紧,流程搭好后,应进行试漏。

(3) 脱水反应　碱洗瓶 10 中加入 170mL 约 20% 的 NaOH 溶液,缓冲瓶碱洗液和碱液称总重量。

(4) 置换　将乙烯储瓶灌满水,排净瓶中空气,并将出水管用螺旋夹拧紧。由反应管进口三通管处接盛有惰性气体(N_2)的球胆,将乙烯储瓶的出气口打开,用手压球胆,使 N_2 压出,用 N_2 置换流程中的空气。置换完毕后,将乙烯储瓶的出气口关闭,同时关闭第二储瓶的进气口,而第一储瓶的进气口开着。

(5) 升温　接通电源前,将温度控制仪的温度指针调零,将温度升到360℃(约2h)并稳定1h。从开始升温起,即开始记录,项目和活化要求相同,每10min记录一次。

(6) 加料反应　当反应管内温度达到380℃时,从乙醇加料管2开始加料,同时将三通管的下口缓缓打开,使乙醇不加到反应管中,而且在三通管中仍积存一部分乙醇,以防止空气进入系统,用一个锥形瓶收集滴出的乙醇,调节加料速度为 0.45~0.55mL/min(可用每分钟乙醇滴出 27~30 滴来调节)。待滴加速度稳定后,将三通管下口关闭,观察三通管中的乙醇开始流进反应管的一瞬间,记下此瞬间乙醇加料管中的乙醇液面读数。

打开冷凝器的冷却水,将流量计的通路三通活塞打开。当乙醇向反应管滴加时,就开始反应了。此时开水冲泵的进水,使流程后部产生负压,当压力计指示在 -200mmH_2O(-2kPa)左右时,先关水冲泵前的开关夹,再关水冲泵的进水。等到产生的乙烯气体通过碱洗瓶后,缓慢打开第一储瓶的进水口,调节放水量,维持储瓶压力在 -60mmH_2O(-0.6kPa)左右。

开始反应后,每10min记录一次,记录项目为:时间、电流、温度、乙醇加料管液面读数、记录速度(mL/min 或滴数/10s)、流量、压力、乙烯体积、乙烯生成速度(mL/min)、现象。见表1-7。

表1-7　实训过程记录表

时间									
电流									
温度									
液面读数									
记录速度/(滴数/10s)									
流量									
压力									
乙烯体积									
乙烯生成速度									
现象									

(7) 切换　当第一储瓶已装满乙烯时,即切换,改用第二储瓶储存。切换时,逐渐打开第二储瓶的进气口和出水口;同时,逐渐关闭第一储瓶的进气口和出水口。切换过程应始终保持压力稳定。

(8) 补料　当乙醇加料管中的乙醇剩余很少时,将加料旋塞关闭,记下所剩余的乙醇量。由加料漏斗向加料管补加乙醇。补加完毕后,加料旋塞仍然旋至原开启位置,继续反应。

(9) 结束　反应2h,停止滴加乙醇,继续反应10min,以使存留在反应管中的乙醇反应完全。由开始加料至停止滴加的净加料时间(除补料等不加料时间)为反应时间。反应完毕,请教师检查记录。

教师同意后，可切换电源。停止加热的同时，将乙烯储瓶的压力调整为 $0mmH_2O$，记下乙烯的总体积，然后向储瓶加水，使储瓶的压力达 $50mmH_2O$，用球胆取样，分析乙烯含量，关闭进气口。将凝液收集瓶取下，用原配的瓶塞将瓶口堵上，用原支座将瓶立于粗天平上，一起称重，以便计算凝液质量。将缓冲瓶、碱洗瓶和碱液一起称总质量，以便计算碱液的增重量。碱液倒入回收瓶。

4. 产品分析

乙烯用气体分析仪分析含量。乙烯吸收剂采用酸性硫酸汞溶液，配置方法如下：将工业浓硫酸（相对密度 1.83~1.84）慢慢滴加到 200mL 水中，配成 22% 的 H_2SO_4 溶液。用粗天平称取 37g 固体 Hg_2SO_4，倾倒入一洗净的 50mL 烧杯中，加入 22% 的 H_2SO_4 溶液，Hg_2SO_4 刚好完全溶解，制成透明溶液，将溶液中的机械杂质除去，即可注入气体分析仪的吸收瓶中，1 体积吸收液约可吸收 13 体积乙烯。汞盐溶液不要与皮肤接触，以免腐蚀皮肤。

5. 数据整理

（1）根据下式计算空间速度

$$S_v = \frac{22400 \times V_{乙醇} \, C_{乙醇}}{46 \times t \times V_{堆}}$$

式中　S_v——空间速度，L/h；

　　$V_{乙醇}$——液态乙醇加料总体积，mL；

　　$C_{乙醇}$——原料中乙醇含量，0.79g/mL；

　　t——净加料时间，h；

　　$V_{堆}$——催化剂堆体积，mL；

　　22400——标准状况下 1mol 乙醇蒸气的体积，mL；

　　46——1mol 乙醇的质量，g。

（2）物料衡算　依据数据采集分析，进行物料衡算，将数据填入表 1-8 中。

表 1-8　物料衡算表

进料/g		出料/g	
乙醇		乙烯	
		凝液	
		碱液增重	
总计		总计	

注：当物料输入、输出的差值与输入量之比大于 5% 时，应说明原因。

依据表 1-8 中数据计算乙烯收率。

练一练：

简单设计一种常见化学品的生产流程，如乙酸乙酯。

完成乙醇脱水生产乙烯实训报告。

乙醇脱水生产乙烯实训报告

班级：_____ 姓名：_____ 学号：_____ 成绩：_____

实训项目	
实训任务	
组　员	
实训准备	
工作过程	
注意事项	
学习反思	

三、乙醇和苯生产苯乙烯工艺设计实训

（一）设计实验的理论依据

(1) 乙烯生产原理

主反应：$CH_3CH_2OH \longrightarrow C_2H_4 + H_2O$

副反应：$2CH_3CH_2OH \longrightarrow CH_2CH_2OCH_2CH_3 + H_2O$

(2) 乙苯生产原理

主反应：

$$C_6H_6 + C_2H_4 \longrightarrow C_6H_5C_2H_5$$

副反应：

$$C_6H_5C_2H_5 + C_2H_4 \longrightarrow C_6H_4(C_2H_5)_2$$

(3) 苯乙烯生产原理

主反应：

$$C_6H_5C_2H_5 \longrightarrow C_6H_5CH=CH_2 + H_2$$

副反应：

$$C_6H_5C_2H_5 \longrightarrow C_6H_6 + C_2H_4$$
$$C_6H_5C_2H_5 + H_2 \longrightarrow C_6H_5CH_3 + CH_4$$
$$C_6H_5C_2H_5 + H_2 \longrightarrow C_6H_6 + C_2H_6$$
$$C_6H_5C_2H_5 \longrightarrow 8C + 5H_2$$
$$C_6H_5C_2H_5 + 16H_2O \longrightarrow 8CO_2 + 21H_2$$
$$C + 2H_2O \longrightarrow CO_2 + 2H_2$$

（二）生产工艺条件

1. 催化剂

(1) 脱水反应催化剂　Al_2O_3 或 H_2SO_4（浓）。

(2) 烷基化反应催化剂　$AlCl_3$-HCl 的络合物。

(3) 脱氢反应催化剂　Fe_2O_3-CuO-K_2O/MgO。

2. 温度

(1) 脱水反应温度　用 Al_2O_3 作催化剂，温度为 360～380℃；用浓 H_2SO_4 作催化剂，温度为 170～180℃。

(2) 烷基化反应温度　363～373K。

(3) 脱氢反应温度　853～893K。

3. 压力

以上反应均在常压下进行。

4. 原料配比

乙苯的生产量随乙烯与苯摩尔比的增加而增加，当原料超过 0.6 时，乙苯生成量的增加不明显，所以乙烯与苯的摩尔比为 0.5～0.6。

当水蒸气与乙苯的用量摩尔比超过 9 时，乙苯转化率不明显。所以，水蒸气：乙苯＝(6～9)：1（mol）。

（三）实训装置及操作

实训装置图是装置制造和安装的基本条件，是所设计的实验能够顺利进行的基本保证，需要设计者认真规划和组织。一般要先画出方块图，再画出基本流程图，最后绘制带控制点的工艺流程图。本次设计案例的方块图如图 1-8 所示。

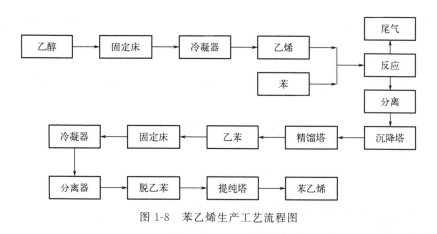

图 1-8　苯乙烯生产工艺流程图

（四）生产过程

以乙醇和苯为原料生产苯乙烯，因乙烯是由乙醇脱水反应生成的，在这一工艺过程中温度因催化剂的选用不同而不同。若选用 Al_2O_3 作催化剂，反应温度在 360℃左右，在固定床反应器中进行脱水反应，反应物冷却分离得乙烯；将 Al_2O_3-HCl 的络合物催化剂和苯加入鼓泡塔反应器中，再按照原料配比要求慢慢通入乙烯，在 363～373K 经烷基化反应制得粗产品乙苯，对粗产物精馏得乙苯；再将乙苯和水按一定比例汽化后送入固定床氢反应器，在 Fe_2O_3-CuO-K_2O/MgO 的催化剂上，控制温度为 853～893K 进行脱氢反应，反应后冷凝液分离（脱苯、脱甲苯、脱乙苯），从而得到所需的苯乙烯产品。

（五）实训运行保证

（1）安全保证　要有具体的安全制度和应急事故处理方案。
（2）装置、仪器、设备、耗材保证　要提出所需设备、仪器、药品等计划。
（3）实训时间、场地保证　要有可安装所设计装置的场地和能够进行运行的人员和时间。

（六）实训运行

① 装置安装及系统检查。
② 装置开车运行。

③ 产品生产、分离、检测。
④ 数据处理及结果分析与讨论。

（七）设计方案优化

根据实验运行情况，设计者对所设计的实训装置、实训过程运行方案进行修正，使其更加合理、科学，为中试和化工过程开发提供翔实、科学的理论依据。

【知识拓展】

化工安全生产四十一条禁令

1. 生产厂区十四个禁止

（1）加强明火管理，厂区内禁止吸烟。
（2）生产区内，禁止未成年人进入。
（3）上班时间，禁止睡觉、干私活、离岗和干与生产无关的事。
（4）在上班前和上班时禁止饮酒。
（5）禁止使用汽油等易燃液体擦洗设施、器具和衣物。
（6）未按规定穿戴劳动保护用品，禁止进入生产岗位。
（7）安全装置不齐备的设施禁止使用。
（8）不是自己分管的设施、工具禁止动用。
（9）检修设施时安全举措不落实，禁止开始检修。
（10）停机检修后的设施，未经完全检查，禁止启用。
（11）未办高处作业证，不系安全带，脚手架、跳板不牢，禁止登高作业。
（12）禁止违规使用、无证操作压力容器等特殊设施。
（13）未安装触电保护器的移动式电动工具，禁止使用。
（14）未获得安全作业证的员工，禁止独立作业；特殊工种员工，未经取证，禁止作业。

2. 操作工六严格

（1）严格履行交接班制度。
（2）严格进行巡回检查。
（3）严格控制工艺指标。
（4）严格履行操作法。
（5）严格恪守劳动纪律。
（6）严格履行安全规定。

3. 动火作业六大禁令

（1）动火证未经同意，禁止动火。
（2）不与生产系统可靠隔断，禁止动火。
（3）不冲洗，置换不合格，禁止动火。
（4）不除去四周易燃物，禁止动火。
（5）未完成动火分析，禁止动火。
（6）没有消防举措，禁止动火。

4. 进入容器、设施的八个一定

(1) 一定申请、办证，并获得同意。

(2) 一定进行安全隔断。

(3) 一定切断动力电，并使用安全灯具。

(4) 一定进行置换、通风。

(5) 一定按时间要求进行安全分析。

(6) 一定佩戴规定的防护器具。

(7) 一定有人在器外监护，并坚守岗位。

(8) 一定有急救后备举措。

5. 灵活车辆七大禁令

(1) 禁止无证、无令开车。

(2) 禁止酒后开车。

(3) 禁止超速行车和空档溜车。

(4) 禁止带病行车。

(5) 禁止人货混载行车。

(6) 禁止超标装载行车。

(7) 禁止无阻火器车辆进入禁火区。

【工匠风采】

朱恒银

朱恒银，安徽省地质矿产勘查局313地质队副总工程师、副队长、教授级高级工程师，钻探专家和安徽省学术与技术带头人。他从事地质工作三十余年，热爱本职工作，勇于探索，在钻探工程技术上取得了重要成果，实现了千米孔轨迹的人工控制"导航"钻进和一孔多支钻探，在深孔钻探技术方法研究方面取得多项成果，并运用在地质找矿中。其研制的国产装备，在深部勘探中创造了我国小口径绳索取心钻探最深纪录，对推动我国深部找矿起到重要的技术支撑作用。他所研究的复杂地层不扰动样取心技术，在上海、北京地面沉降标施工和科学钻探等方面均有了良好效果，应用于地质与工程技术中取得了巨大的社会和经济效益。

所获荣誉：2018年"大国工匠年度人物"、第七届全国道德模范"全国敬业奉献模范"、全国地质系统"十佳科技工作者"、"全国劳动模范"、李四光地质科学奖野外地质工作者奖、"全国十佳最美地质队员"等。

项目二　　乙酸乙酯生产性实训

【学习目标】

知识目标
1. 了解生产性实训装置的特点及安全要求。
2. 理解乙酸乙酯生产装置的反应原理、操作参数及工艺流程。
3. 熟悉萃取精馏的原理及操作要点。

能力目标
1. 能够熟练进行乙酸乙酯生产性装置的实际操作。
2. 能够正确进行数据处理与结果分析。

素质目标
树立安全生产观念，强化岗位责任意识，养成良好的职业习惯。

乙酸乙酯生产性实训装置是以模拟化工生产系统训练为载体，设计了公用系统岗、酯化反应岗、中和反应岗、萃取精馏岗和萃取剂回收岗五个典型工作岗位，结合化工反应和分离精制两个工作过程来实施项目实训。

　任务一　掌握安全知识与规定

学习目标

熟悉乙酸乙酯的危险特性，学会辨别乙酸乙酯生产过程中的有害因素；掌握生产性实训装置操作过程中安全风险的应对措施，能正确判断和处理各岗位的各种事故；熟悉装置的各类应急预案，能及时处理各岗位停水、停电、停 DCS 系统等故障，能对现场发生的伤害事故进行自救、互救。

> **学习重点**
>
> 乙酸乙酯危险特性、装置安全规定。

> **学习难点**
>
> 应急预案。

一、化学品安全说明书（MSDS）

乙酸乙酯，低毒。

（1）健康危害　对眼、鼻、咽喉有刺激作用。高浓度吸入可引起进行性麻醉作用，急性肺水肿，肝、肾损害；持续大量吸入，可致呼吸麻痹。误服者可产生恶心、呕吐、腹痛、腹泻等。有致敏作用，因血管神经障碍而致牙龈出血；可致湿疹样皮炎。慢性影响：长期接触有时可致角膜混浊、继发性贫血、白细胞增多等。

（2）燃爆危险　易燃，其蒸气与空气可形成爆炸性混合物，遇明火、高热可引起燃烧爆炸。与氧化剂接触猛烈反应。其蒸气比空气重，能在较低处扩散到相当远的地方，遇火源会着火回燃。

二、装置安全规定

① 学生进入实训装置前必须进行安全消防知识教育。
② 严禁携带易燃易爆品进入实训装置，更不能在实训装置内吸烟和未经允许动火。
③ 学生进入实训装置前必须穿工作服、戴安全帽，不允许穿高跟鞋。
④ 严禁在装置内嬉闹、喧哗和倚靠装置、护栏闲聊。
⑤ 保护装置环境卫生，禁止在装置内吃零食、乱扔杂物和乱放其他无关物品。
⑥ 用电设备开启前，应先检查控制柜仪表、分路电源是否都处在关闭状态和无人作业状态，否则不能送电。
⑦ 装置操作必须 2 人以上，互相监护。
⑧ 装置二楼平台一次停留人数不得超过 12 人，禁止在平台上跑、跳。
⑨ 未经允许，禁止开启和拆卸任何设备。
⑩ 装置内不准私接电源，不准违章用电。
⑪ 每次实训后，应将装置所有设备及阀门恢复到初始状态。
⑫ 每天下班前，应检查水、电、门窗等是否关闭。
⑬ 对实训装置所有设备应定期进行维护和保养，确保设备良好运行。
⑭ 原料及产品要有专人管理并规定存放地点。
⑮ 消防器材管理应落实到个人。
⑯ 外单位人员未经允许不得随便进入装置。

三、装置安全知识

（一）干粉灭火器使用方法

干粉灭火器主要通过使化学反应中断而灭火，适用于扑救石油、石油产品、油漆、有机溶剂、天然气设备等火灾。

(1) 使用方法　使用手提式干粉灭火器时，将灭火器提到起火地点，上下颠倒几次，使干粉松动一只手握住喷嘴，人位于上风向，对准火源根部；另一只手摘去铅封，拔出保险销，然后提起环或按下压把，干粉即可喷出。扑救地面油火时，要平射，左右摆动，由近及远，快速推进，注意防止复燃。

(2) 维护保养　干粉灭火器应放在通风干燥及取用方便的地方，各连接部件要拧紧，喷嘴要堵好，以防干粉受潮结块，存放期间应避免暴晒和高温，以防动力瓶内的 CO_2 因温度升高导致压力增大而漏气。

(二) 触电急救方法

发现有人触电，应冷静处理，采取正确的方法，以最快的速度使触电者脱离电源，然后一方面迅速向医疗部门求救，另一方面根据触电者的具体情况迅速对症救护。

(1) 轻微触电者　意识清楚，触电部位感到疼痛、麻木、抽搐。应使触电者安静、舒适地躺下来，并注意观察。

(2) 中度触电者　有知觉且呼吸和心脏跳动都还正常，瞳孔不放光，对光反应存在，血压无明显变化，此时，应使触电者平卧，四周不要围人，保持空气流通，解开触电者的衣服，以利于呼吸畅通。

(3) 重度触电者　触电者有假死现象，呼吸时快时慢、长短不一、深度不等，贴心听不到心音，用手摸不到脉搏，证明心脏停止跳动。此时，应马上不停地进行人工呼吸及胸外人工挤压，抢救工作不能间断，动作应准确无误。

(三) 烧伤、烫伤急救

1. 人员自保

伤员应迅速脱离现场，及时消除致伤原因。处在浓烟中应采用弯腰或匍匐爬行的姿势，有条件的要用湿毛巾或湿衣服捂住鼻子行走。楼下着火时，可通过在附近的管道或固定物上拴绳子下滑；或关严门，往门上泼水。若身上着火，应尽快脱去着火或被沸液浸渍的衣服；若来不及脱去着火衣服，应迅速卧倒，慢慢就地滚动以压灭火苗；若附近有凉水，应立即将受伤部位浸入水中，以降低局部温度。切勿奔跑呼叫或用手扑打火焰，以免助长燃烧和引起头、面部呼吸道和双手烧伤。

2. 现场救护

烧伤急救就是采用各种有效的措施灭火，使伤员尽快脱离热源，尽量缩短烧伤时间。

对已灭火而未脱衣服的伤员必须仔细检查，检查全身状况和有无合并损伤，电灼伤、火焰烧伤或高温汽、水烫伤均应保持伤口清洁。伤员的衣服鞋袜用剪刀剪开后除去，伤口全部用清洁布片覆盖，防止污染。四肢烧伤时，先用清洁冷水冲洗，然后用清洁布片或消毒纱布覆盖，并及时送医院。

对爆炸冲击波烧伤的伤员要注意有无脑颅损伤、腹腔损伤和呼吸道损伤。

强酸或碱等化学灼伤应立即用大量清水彻底清洗，迅速将被侵蚀的衣物剪去。为防止酸、碱残留在伤口内，冲洗时一般不应少于10min。对创面一般不做处理，尽量不要弄破水泡，保护表皮，同时检查有无化学中毒。

对危重的伤员，特别是呼吸、心跳不好或停止的伤员应立即就地紧急救护，待情况好转后再送医院。

未经医务人员同意，灼伤部位不宜敷搽任何东西和药物。

（四）中毒现场抢救

救护者应做好个人防护，戴好防毒面具。切断毒物来源，关闭地漏管道等阀门。

应尽快将中毒人员救离现场，移至新鲜空气处，松解患者颈部、胸部纽扣和腰带，以保持呼吸畅通，同时要注意保暖和保持安静，严密注意患者意识、呼吸状态和循环状态等。

尽快制止工业毒物继续进入体内，并设法排除已侵入人体内的毒物，消除或中和进入体内的毒物作用。

迅速脱去被污染的衣服、鞋袜、手套等，立即彻底清洗被污染的皮肤，冲洗时间要求为15～30min，如毒物系水溶性，现场无中和剂，可用大量水冲洗；遇水能反应的则先用干布或其他能吸收液体的物品抹去沾染物，再用水冲洗，要注意防止着凉、感冒。

毒物经口引起人体急性中毒，可用催吐和洗胃法。

若要恢复生命器官功能，可采用人工呼吸法、胸外按压法等。

四、装置事故处理预案

（一）停冷却水

1. 停冷却水的影响

反应釜顶冷凝柱、反应釜顶冷凝器、筛板塔顶冷凝器、填料塔顶冷凝器无冷却水，汽相不能冷凝将无法生产。

2. 处理措施

停止各岗加温，然后按正常停车步骤进行，来水后按正常开车步骤进行。

（二）停电（包括总电、DCS电）

1. 停电的影响

反应釜停止加热、搅拌，筛板塔、填料塔停止加热，各机泵停止运行，电脑、DCS控制系统停止运行，无法进行生产。

2. 处理措施

关闭双塔进料阀，监视双塔底罐液位变化情况，防止冒顶；监视反应釜顶和双塔压力变化情况，按停车步骤进行，来电后按正常开车步骤进行。

（三）停DCS控制系统

1. 停DCS控制系统的影响

反应釜停止加热、搅拌，筛板塔、填料塔停止加热，各岗供冷却水停止，各运转机泵停运，无法进行生产。

2. 处理措施

关闭双塔进料阀，然后按停电处理，迅速通知有关仪表人员进行处理。待处理好后，按正常开车步骤进行。

（四）反应釜故障

反应釜可能发生的故障较多，应根据不同的情形分析原因并进行处理。常见故障及处理方法见表2-1。

表2-1 反应釜常见故障及处理方法

序号	故障现象	故障原因	处理方法
1	壳体损坏（腐蚀、裂纹、透孔）	①受介质腐蚀（点蚀、晶间腐蚀）；②受热应力影响产生裂纹或碱脆；③受损变薄或均匀腐蚀	①用耐蚀材料衬里的壳体需重新修衬或局部补焊；②焊接后要消除应力，产生裂纹要进行修补；③超过设计最低的允许厚度需更换壳体
2	超温超压	①仪表失灵，控制不严格；②误操作，原料配比不当，产生剧热反应；③因传热或搅拌性能不佳，发生副反应；④进气阀失灵，进气压力过大、压力高	①检查、修复自控系统，严格执行操作规程；②根据操作规程紧急放压，按规定定量、定时投料，严防误操作；③增加传热面积或清除结垢，改善传热效果；修复搅拌器，提高搅拌效率；④关总气阀，切断气源，修理阀门
3	密封泄漏	①搅拌轴在填料处磨损或腐蚀，造成间隙过大；②油环位置不当或油路堵塞，不能形成油封；③压盖没压紧，填料质量差或使用过久；④填料箱（机械密封）腐蚀；⑤动静环端面变形、碰伤；⑥端面比压过大，摩擦生热导致变形；⑦密封圈选材不对，压紧力不够，或V形密封圈装反，失去密封性；⑧轴线与静环端面垂直度误差过大；⑨操作压力、温度不稳，硬颗粒进入摩擦副；⑩轴窜量超过指标；⑪镶装或粘接动、静环的镶缝泄漏	①更换或修补搅拌轴，并在机床上加工，保证表面粗糙度；②调整油环位置，清洗油路；③压紧填料或更换填料；④修补或更换；⑤更换摩擦副或重新研磨；⑥调整合适的比压，加强冷却系统，及时带走热量；⑦密封圈选材、安装要合理，要有足够的压紧力；⑧停车，重新找正，保证垂直度误差小于0.5mm；⑨严格控制工艺指标，颗粒及结晶物不能进入摩擦副；⑩调整、检修，使轴窜量达到标准；⑪改进安装工艺，或过盈量要适当，或粘接剂要好用，粘接牢固
4	釜内有异常杂声	①搅拌器摩擦釜内附件（蛇管、温度计管等）或刮壁；②搅拌器松脱；③衬里鼓包，与搅拌器撞击；④搅拌器轴弯曲或轴承损坏	①停车检修找正，使搅拌器与附件有一定间距；②停车检查，紧固螺栓；③修鼓包或更换衬里；④检修或更换轴及轴承

📁 **想一想：**

1. 生产性实训过程中还可能发生哪些安全事故？如果发生了，该如何正确处理？

2. 在乙酸乙酯的生产性实训场地可能会发生哪些安全事故？可选择何种个体防护装备？

📁 **练一练：**
找一个干粉灭火器，练习正确使用，并总结使用技巧。

任务二 学习乙酸乙酯生产工艺

学习目标

熟悉乙酸乙酯生产过程中所采用的原料，主要反应的机理、特点及条件；了解相关的物料衡算和热量衡算原理，主要物料和产品的性质；理解乙酸乙酯生产装置的工艺流程及现场布局；熟悉生产装置内的岗位设置及其具体工作内容。

学习重点

酯化反应原理、中和反应原理。

学习难点

乙酸乙酯生产工艺流程，关键设备。

乙酸乙酯（ethyl acetate），又称醋酸乙酯，是一种有机化合物，化学式为 $C_4H_8O_2$，是一种具有官能团—COOR 的酯类（碳与氧之间是双键），能发生醇解、氨解、酯交换、还原等一般酯的共同反应。乙酸乙酯是应用较广的脂肪酸酯之一，是一种快干性溶剂，具有优异的溶解能力，是极好的工业溶剂，也可用于柱层析的洗脱剂。乙酸乙酯可用于生产硝酸纤维、乙基纤维、氯化橡胶和乙烯树脂、乙酸纤维素酯、纤维素乙酸丁酯和合成橡胶，也可用于复印机用液体硝基纤维墨水，还可作粘接剂的溶剂、喷漆的稀释剂。乙酸乙酯是许多类树脂的高效溶剂，广泛应用于油墨、人造革生产中，还可用作分析试剂、色谱分析标准物质及溶剂。

一、乙酸乙酯生产工艺原理

乙酸乙酯生产工艺流程分为以下四个过程。

（一）酯化反应

乙酸乙酯有多种合成方法，本套装置采用国内常用的乙酸乙酯直接酯化法，即在催化剂作用下，乙醇和乙酸发生酯化反应，反应式如下：

主反应　$CH_3COOH + C_2H_5OH \xrightarrow[加热]{催化剂} CH_3COOC_2H_5 + H_2O$

副反应　$2CH_3CH_2OH \xrightarrow[加热]{催化剂} CH_3CH_2OCH_2CH_3 + H_2O$

$CH_3CH_2OH \xrightarrow[加热]{催化剂} CH_2 = CH_2 + H_2O$

本装置乙酸用量为5L，乙醇用量为10L，催化剂磷钼酸用量为132g，在70~80℃、常压下回流反应2~3h。

注意：乙酸乙酯合成可用浓硫酸、氯化氢、对甲苯磺酸和强酸性阳离子交换树脂等作催化剂。

（二）中和反应

酯化反应中可能没有参加反应的乙酸，对设备会有腐蚀性。本装置使用饱和碳酸钠溶液作为碱液，在常温、常压下，饱和碳酸钠溶液和乙酸在中和釜中发生中和反应，反应方程式为：

$$2CH_3COOH + Na_2CO_3 \longrightarrow 2CH_3COONa + H_2O + CO_2 \uparrow$$

生成的CO_2由放空阀排出，CH_3COONa、过量的Na_2CO_3溶液、乙醇溶于水中，形成水层；乙酸乙酯、乙醇和微量的水形成酯层。水层作为重相先排出，然后乙酸乙酯和微量的乙醇、水作为轻相再排出。

（三）萃取精馏

乙酸乙酯与乙醇、水形成三元共沸物，不能用简单的精馏操作进行分离，因此必须使用萃取精馏操作进行分离。

萃取精馏是向原料液中加入第三组分（称为萃取剂或溶剂），以改变原有组分间的相对挥发度而达到分离要求的特殊精馏方法。乙二醇能够有效地改变乙酸乙酯与乙醇、水的相对挥发度，本装置选用乙二醇作为萃取剂，轻组分乙酸乙酯从塔顶采出，重组分乙二醇、乙醇、水从塔釜排出。

（四）萃取剂回收

从萃取精馏塔底出来的乙二醇中含有乙醇和微量的水，它们之间的沸点相差较多，可以用普通的蒸馏（或精馏）方法进行分离。

乙醇和微量的水作为塔顶轻组分，经冷凝后排入塔顶馏出液罐；乙二醇作为重组分，从塔釜直接排入萃取剂回收罐，可经萃取剂泵打入萃取精馏塔中循环使用。

二、乙酸乙酯生产工艺流程

本装置乙酸乙酯生产工艺流程图见书中所附插页（图2-1）。
本装置按照主要设备可划分为以下工作岗位。

（一）公用系统岗

本装置公用系统岗主要包括冷却水系统和抽真空系统。

晾水塔（E101）中冷却水经冷却水泵（P101）抽出后分别送往酯化反应岗、萃取精馏岗、萃取剂回收岗。冷却水分别经转子流量计流入反应釜顶冷凝柱（E201）、经电动调节阀和电磁流量计流入反应釜顶冷凝器（E202）、筛板塔顶冷凝器（E401）、填料塔顶冷凝器（E501），最后从下水管线流回晾水塔（E101）循环使用。

本装置可在常压条件下操作，也可在减压条件下操作，主要由真空泵（P102）和缓冲罐（V102）组成抽真空系统，与反应釜顶受液罐（V203）、筛板塔回流罐（V402）、填料塔回流罐（V501）相连。

（二）酯化反应岗

首先启动导热油系统，启动导热油罐（V204）加热装置，导热油开始升温，启动导热油泵（P203），导热油开始循环。乙酸和乙醇由乙酸原料罐（V201）、乙醇原料罐（V202）经乙酸进料泵（P201）、乙醇进料泵（P202）打入反应釜中，催化剂磷钼酸溶于乙醇后由反应釜顶的加料斗加入反应釜（R201）中。启动反应釜（R201）的搅拌电机，调节至适当转速，反应釜（R201）内温度控制在70～80℃，进行酯化反应。形成的蒸气经反应釜顶冷凝柱（E201）冷凝，回流反应2～3h，再经反应釜顶冷凝器（E202）冷凝，冷凝液流到反应釜顶受液罐（V203）中，取样分析，若乙酸含量小于5%，将液体排入轻相罐（V302）中，若乙酸含量大于5%，将液体排入中和釜（R301）中与饱和碳酸钠溶液进行中和反应。

（三）中和反应岗

由反应釜顶受液罐（V203）来的物料加入中和釜（R301）中，同时由碱液罐（V301）将过量的饱和碳酸钠溶液加入中和釜（R301）中。启动中和釜（R301）的搅拌电机，调节至适当转速，在常温常压下，中和反应0.5h，静置3h以上，分层。水、乙醇、乙酸钠和过量的碳酸钠溶液先从釜底排入重相罐（V303）中，乙酸乙酯、乙醇和微量的水再从釜底排入轻相罐（V302）中。

（四）萃取精馏岗

轻相罐（V302）中的物料由筛板塔进料泵（P301）经筛板塔（T401）物料进料口打入筛板塔（T401）中，液位达一半时停筛板塔进料泵（P301）。萃取剂罐（V401）中的萃取剂由萃取剂泵（P401）经筛板塔（T401）萃取剂进料口打入筛板塔（T401）中，塔釜溢流后停萃取剂泵（P401）。启动筛板塔塔釜加热，控制塔釜温度为90～110℃、塔顶温度为77～80℃。塔顶轻组分（乙酸乙酯）经筛板塔顶冷凝器（E401）冷凝后流入筛板塔回流罐（V402），当筛板塔回流罐（V402）液位达到100mm时，启动筛板塔回流泵（P402）打全回流。

将萃取剂罐（V401）中的萃取剂预加热到筛板塔（T401）萃取剂进料口对应塔板温度，由萃取剂泵（P401）经筛板塔（T401）萃取剂进料口打入筛板塔中。轻相罐（V302）中的物料由筛板塔进料泵（P301）经筛板塔（T401）物料进料口打入筛板塔（T401）中，按规定的溶剂比进料，进行萃取精馏操作，定时分析塔顶产品（乙酸乙酯）纯度，达到要求或塔板温度稳定后，一部分经筛板塔回流泵（P402）打回流，一部分入筛板塔顶馏出液罐（V403）收集产品。塔底重组分乙二醇、乙醇和少量水由筛板塔底排入筛板塔底罐（V404）。

> 想一想：
> 乙酸乙酯生产过程中，为何要采用萃取精馏？

（五）萃取剂回收岗

筛板塔底罐（V404）中的物料经填料塔进料泵（P501）打入填料塔（T501）中，塔釜温度控制在120～150℃、塔顶温度控制在80～110℃，进行蒸馏操作。塔顶轻组分乙醇和水经填料塔顶冷凝器（E501）冷凝后入填料塔回流罐（V501），当填料塔回流罐（V501）有一定液位时，排入填料塔顶馏出液罐（V502）。塔底重组分乙二醇由填料塔底排入萃取剂回收罐（V503），可循环使用。

（六）双塔循环操作

本装置筛板塔（T401）和填料塔（T501）可进行单塔间歇式操作，也可进行双塔循环操作。

轻相罐（V302）中的物料由筛板塔进料泵（P301）经筛板塔（T401）物料进料口打入筛板塔（T401）中，液位达一半时停筛板塔进料泵（P301）。萃取剂罐（V401）中的萃取剂由萃取剂泵（P401）经筛板塔（T401）萃取剂进料口打入筛板塔（T401）中，塔釜溢流后停萃取剂泵（P401）。启动筛板塔塔釜加热，控制塔釜温度为90～110℃、塔顶温度为77～80℃。塔顶轻组分（乙酸乙酯）经筛板塔顶冷凝器（E401）冷凝后流入筛板塔回流罐（V402），当筛板塔回流罐（V402）液位达到100mm时，启动筛板塔回流泵（P402）打回全流。

将萃取剂罐（V401）中的萃取剂预热到筛板塔（T401）萃取剂进料口对应塔板温度，由萃取剂泵（P401）经筛板塔（T401）萃取剂进料口打入筛板塔中。轻相罐（V302）中的物料由筛板塔进料泵（P301）经筛板塔（T401）物料进料口打入筛板塔（T401）中，按规定的溶剂比进料，进行萃取精馏操作，定时分析塔顶产品（乙酸乙酯）纯度，达到要求或塔板温度稳定后，一部分经筛板塔回流泵（P402）打回流，一部分入筛板塔顶产品罐（V403）收集产品。塔底重组分乙二醇、乙醇和少量水由筛板塔底排入筛板塔底罐（V404）。

筛板塔底罐（V404）中的物料经填料塔进料泵（P501）打入填料塔（T501）中，塔釜温度控制在120～150℃、塔顶温度控制在80～110℃，进行蒸馏操作。塔顶轻组分乙醇和水经填料塔顶冷凝器（E501）冷凝后入填料塔回流罐（V501），当填料塔回流罐有一定液位时，排入填料塔顶馏出液罐（V502）。塔底重组分乙二醇由填料塔底排入填料塔底罐（V503）。当填料塔底罐（V503）有一定液位后，开填料塔底罐（V503）入萃取剂泵（P401）阀门，关萃取剂罐（V401）入萃取剂泵（P401）阀门，将回收的萃取剂循环使用。

三、工艺操作指标

正常生产过程中的相关工艺指标见表2-2。

表 2-2 工艺操作指标

岗位	项目	单位	指标
酯化反应岗	乙酸用量	L	5
	乙醇用量	L	10
	催化剂用量	g	132
	釜内反应温度	℃	70~80
	导热油温度	℃	100~120
	反应压力	MPa	常压
	反应时间	h	2~3
	馏出液收集时间	h	3~4
	E201冷却水转子流量计流量	L/h	140
	E202冷却水流量	L/h	400~500
中和反应岗	反应温度	℃	常温
	反应压力	MPa	常压
	反应时间	h	0.5
	静置时间	h	≥3
萃取精馏岗	塔釜温度	℃	90~110
	塔顶温度	℃	77~80
	塔釜液位	mm	200
	回流罐液位	mm	100
	物料进料位置	—	最高进料口
	萃取剂进料位置	—	最高进料口
	物料进料泵开度	%	10
	萃取剂进料泵开度	%	30
	回流泵开度	%	10
	E401冷却水流量	%	400~500
萃取剂回收岗	塔釜温度	℃	120~150
	塔顶温度	℃	80~100
	塔釜液位	mm	200
	回流罐液位	mm	100
	进料位置		最高进料口
	进料泵开度	%	10
	回流泵开度	%	10
	H501冷却水流量	L/h	500~600

 任务三 乙酸乙酯生产装置操作

学习目标

熟悉不同岗位的工作职责；掌握乙酸乙酯装置的开车基本过程。

学习重点

生产性实训装置各个岗位的轮换和操作；乙酸乙酯装置的开车操作。

学习难点

装置现场的生产性实训操作过程。

操作性质代号:操作动作用"[ ]—"表示;确认状态用"( )—"表示;安全操作项目用"< >—"表示。

M表示班长;I表示内操;P表示外操。

一、装置DCS内操岗位规范及职责

(1) 负责各岗位工艺参数的DCS监控和调节,保证各自岗位操作平稳。
(2) 按各自岗位操作指标要求操作,保证产品质量达到合格。
(3) 按照各自岗位操作规程要求,正确处理各自岗位的各种异常情况。
(4) 负责指导各自岗位DCS外操操作员的操作。
(5) 负责填写各自岗位交接班日记、岗位操作记录。
(6) 在班长缺席的情况下,代替班长主持工作。
(7) 各岗位负责的主要设备如下。

① 公用系统岗。晾水塔、冷却水泵、转子流量计、E202冷却水流量电动调节阀、E202冷却水流量电磁流量计、E401冷却水流量电动调节阀、E401冷却水流量电磁流量计、E501冷却水流量电动调节阀、E501冷却水流量电磁流量计、导热油罐、导热油泵、导热油罐温度计、导热油罐加热器、导热油循环流量计、导热油电动调节阀、真空泵、缓冲罐等。

② 酯化反应岗。乙酸原料罐、乙醇原料罐、乙酸进料泵、乙醇进料泵、导热油罐、导热油泵、酯化反应釜、搅拌装置、加热装置、反应釜顶受液罐等。

③ 中和反应岗。碱液罐、中和釜、搅拌装置、轻相罐、重相罐。

④ 萃取精馏岗。筛板塔、筛板塔进料泵、筛板塔进料预热器、萃取剂泵、筛板塔回流泵、萃取剂罐、筛板塔底罐、筛板塔回流罐、筛板塔顶冷凝器、筛板塔顶馏出液罐等。

⑤ 萃取剂回收岗。填料塔、填料塔进料泵、填料塔回流泵、萃取剂回收罐、填料塔回流罐、填料塔顶冷凝器、填料塔顶馏出液罐等。

二、装置DCS外操岗位规范及职责

(1) 服从班长及DCS内操的安排,主要负责岗位的现场操作和巡检。
(2) 按照各自岗位操作规程要求,正确处理各自岗位的各种异常情况。
(3) 负责各现场运行参数的查看,并做好记录。
(4) 在DCS内操缺席的情况下,顶替内操工作。
(5) 各岗位负责的主要设备同内操,此处不再赘述。

子任务一 岗前准备

学习目标

熟练掌握各自岗位的详细工艺流程;熟悉乙酸乙酯生产前的准备工作,熟悉各岗位职责及分工;熟悉各自岗位的工艺指标,掌握各自岗位操作参数的变化对产品质量及相关岗位的影响；熟悉操作流程，并能够准确进行水运及热运操作。

学习重点
冷运操作、热运操作。

学习难点
热运操作。

一、联系水、电、原料、安全器材、仪表、分析等有关单位

（1）确保生产安全用水。
（2）确保 DCS 控制系统安全用电、送电。
（3）生产原料备齐，并有合格分析单。
（4）消防器材备齐，并且做到人人会用。
（5）维护仪表人员到现场，安排好分析教师和分析设备。

二、岗位分工

实训开始前请将各小组的分工情况填入表 2-3（附于本子任务末），并上交授课教师。

三、水运操作

1. 水运操作的意义

根据乙酸乙酯化工综合实训装置常温、常压的工艺操作特点，综合装置现有条件，通过水运过程的冷运、热运，使生产装置达到安全投料生产所具备的开车条件。

2. 水运前准备工作

水运前应关闭除放空阀以外的全部阀门，使装置和 DCS 系统处于零状态。

3. 冷运操作

在常温下，对乙酸乙酯生产过程中未产生汽相的物料所经过的管线、阀门、泵、罐、釜、塔、DCS 控制部位参数进行试漏、试运和调试投用。

4. 各岗位操作流程

（1）公用系统岗

① 主要指冷却水系统和真空系统。
② 打开晾水塔水箱的入水阀，向水箱中注入新鲜水至溢流，关闭入水阀。
③ 启动冷却水泵（离心泵）进行冷却水循环。按要求对系统进行检查，发现问题及时处理。
④ 启动真空泵，当真空表示数为 0.04MPa 时停泵，观察压力变化，发现问题及时处理。

（2）反应岗、中和岗

① 用水管向乙酸原料罐、乙醇原料罐中加水至 2/3 液位，开反应釜进料阀门，启动相对应的乙酸进料泵、乙醇进料泵向反应釜进水。从原料罐液位计量约 24L，停乙酸进料泵、乙醇进料泵，关反应釜进料阀门。

② 用水管向导热油罐加水至 2/3 液位，开导热油罐出料阀门，开导热油泵进行油路循环，按要求对系统进行检查，发现问题及时处理。

③ 对反应釜、中和釜搅拌机进行盘车，正常后，开反应釜搅拌机，待调试正常后，停止搅拌。开反应釜底入中和釜进料阀，将反应釜中水放入中和釜。待反应釜放空后，关闭反应釜底入中和釜进料阀，开中和搅拌机，再按反应釜进料程序向反应釜注入同量的水。

④ 用水管向碱液罐注水至 2/3 液位，停止加水。

⑤ 待中和釜搅拌机调试正常后，停止搅拌，开轻相罐、重相罐入口阀门，同时打开碱液罐入中和釜阀门，将水全部排入两罐中。

(3) 萃取精馏岗、萃取剂回收岗

① 用水向萃取剂罐注水至 1/2 液位，开萃取剂罐至萃取剂泵入口阀门，开萃取剂泵入筛板塔最高进料口阀门，启动萃取剂泵，向塔内加水，待塔釜溢流、筛板塔底罐液位到 2/3 时，开筛板塔底罐至填料塔进料泵入口阀，开填料塔进料泵如填料塔最高进料口阀门，启动填料塔进料泵往塔内注水，待填料塔塔釜溢流、萃取剂回收罐液位到 1/2 时，停泵。

② 按要求进行系统检查，发现问题及时处理。

四、热运操作

在冷运基础上对反应釜、双塔釜中的水加热至沸点，对汽相所经过的管线、阀门、泵、罐、釜、塔、DCS 控制部位参数进行试漏、试运、调试和投用。

(1) 按冷运注水方式向反应釜、筛板塔、填料塔注水（已有水的不需注）。

(2) 将反应釜顶受液罐的放空阀打开。

(3) 将筛板塔顶至塔顶馏出液罐的所有阀门（包括放空阀）打开。

(4) 将填料塔顶至塔顶馏出液罐的所有阀门（包括放空阀）打开。

(5) 开导热油罐加热 30%，并开启搅拌机，依次升温；开筛板塔釜加热 30%，依次升温，开填料塔釜加热 30%，依次升温。

(6) 待反应釜顶冷凝器入口热、双塔顶入冷凝器入口热，开各部冷凝器冷却水系统阀门。

(7) 按要求对系统再次检查，发现问题及时处理。

(8) 按双塔循环操作方法，进行联合试运 2～3h。

五、停止试运

(1) 按反应岗、双塔岗、公用系统岗顺序，依次停止加热，停止搅拌，停泵，停冷凝器冷却水。

(2) 待各岗水温降至 35℃ 以下时，打开所有通地沟的排污阀，排净所有设备中的水。排完后，逐个断开泵入口和泵出口处活节继续排水（筛板塔进料管线应打开 U 形管底部活节），彻底排完后，上好活节。

(3) 将全装置所有阀门关闭，准备正式投料生产。

📁 议一议：

乙酸乙酯岗前准备热运操作过程中，有哪些注意事项？

表 2-3　人员分工表

分组	班长	内操	公用系统岗	酯化反应岗	中和反应岗	萃取精馏岗	萃取剂回收岗
第一组							
第二组							
第三组							
第四组							
第五组							
第六组							
第七组							
第八组							

注：请将此表上交授课教师。

将表 2-4～表 2-14 以小组为单位进行填写并整理上交。

表 2-4　开车前班长准备工作记录

操作员：　　　　　　　　　　　　　　　　　　　　　　　　　　　　年　　月　　日

检查项目	正常状态	现有状态	检查人员	签字
公用系统岗操作员劳动服、安全帽	穿戴整齐		班长	
公用系统岗工艺管线	正确		班长	
酯化反应岗操作员劳动服、安全帽	穿戴整齐		班长	
酯化反应岗工艺管线	正确		班长	
中和反应岗操作员劳动服、安全帽	穿戴整齐		班长	
中和反应岗工艺管线	正确		班长	
萃取精馏岗操作员劳动服、安全帽	穿戴整齐		班长	
萃取精馏岗工艺管线	正确		班长	
萃取剂回收岗操作员劳动服、安全帽	穿戴整齐		班长	
萃取剂回收岗工艺管线	正确		班长	

公用系统岗记录表

表 2-5 公用系统岗开车前准备记录（一操）

操作员：　　　　　　　　　　　　　　　　　　　　　　　　　　　　年　　月　　日

检查项目	正常状态	现有状态	检查人员	签字
工艺管线	连接正确		一操	
强电柜上冷却水电源	关闭		一操	
DCS 上冷却水泵输出量开度	0		一操	
E202 冷却水流量电动调节阀	关闭		一操	
E401 冷却水流量电动调节阀	关闭		一操	
E501 冷却水流量电动调节阀	关闭		一操	

表 2-6 公用系统岗开车前准备工作记录（二操）

操作员：　　　　　　　　　　　　　　　　　　　　　　　　　　　　年　　月　　日

检查项目	正常状态	现有状态	检查人员	签字
晾水塔水箱	注满水		二操	
晾水塔排污阀门	关闭		二操	
晾水塔冷却水入口阀门	关闭		二操	
机泵地脚螺栓	无松动，无缺损		二操	
冷却水泵入口阀门、出口阀门、旁路阀门	关闭		二操	
出口管路压力表底阀	打开		二操	
E204 冷却水入口阀	关闭		二操	
E201 冷却水转子流量计底阀	关闭		二操	
E202 冷却水副线阀	关闭		二操	
E202 冷却水流量电动调节阀前置阀	关闭		二操	
E401 冷却水副线阀	关闭		二操	
E401 冷却水流量电动调节阀前置阀	关闭		二操	
E501 冷却水副线阀	关闭		二操	
E501 冷却水流量电动调节阀前置阀	关闭		二操	

酯化反应岗记录表

表 2-7 酯化反应岗开车前准备工作记录（一操）

操作员：　　　　　　　　　　　　　　　　　　　　　　　　　　　　　　　年　　月　　日

检查项目	正常状态	现有状态	检查人员	签字
工艺管线	连接正确		一操	
强电柜上乙酸进料泵电源	关闭		一操	
强电柜上乙醇进料泵电源	关闭		一操	
强电柜上反应釜搅拌电机电源	关闭		一操	
DCS 上反应釜搅拌电机输出量开度	0		一操	

表 2-8 酯化反应岗开车前准备工作记录（二操）

操作员：　　　　　　　　　　　　　　　　　　　　　　　　　　　　　　　年　　月　　日

检查项目	正常状态	现有状态	检查人员	签字
反应釜搅拌轴盘车	盘车正常		二操	
乙酸进料罐、乙醇原料罐的加料斗阀门、放空阀、排污阀	关闭		二操	
乙酸进料泵、乙醇进料泵地脚螺栓	无松动，无缺损		二操	
乙酸进料泵、乙醇进料泵的入口阀、出口阀、副线阀	关闭		二操	
反应釜排污阀	关闭		二操	
反应釜底入中和釜阀门	打开		二操	
反应釜导热油排污阀	关闭		二操	
反应釜法兰、螺丝	无松动，无缺损		二操	
反应釜物料入口阀门、氮气入口阀门	关闭		二操	
反应釜催化剂加料斗阀门	关闭		二操	
反应釜导热油加料斗阀门	关闭		二操	
夹套膨胀节放空阀	打开		二操	
反应釜顶受液罐放空阀	关闭		二操	
反应釜顶受液罐入中和釜阀门	关闭		二操	
反应釜顶受液罐向反应釜打回流手控阀	关闭		二操	
反应釜顶受液罐至轻相罐阀门	关闭		二操	
反应釜顶受液罐抽真空管线阀门	关闭		二操	

中和反应岗记录表

表 2-9 中和反应岗开车前准备工作记录（一操）

操作员：　　　　　　　　　　　　　　　　　　　　　　　　　　　　　　　年　　月　　日

检查项目	正常状态	现有状态	检查人员	签字
工艺管线	连接正确		一操	
强电柜上中和釜搅拌电机电源	关闭		一操	
DCS 上中和釜搅拌电机输出量开度	0		一操	

表 2-10 中和反应岗开车前准备工作记录（二操）

操作员：　　　　　　　　　　　　　　　　　　　　　　　　　　　　　　　年　　月　　日

检查项目	正常状态	现有状态	检查人员	签字
反应釜搅拌轴盘车	盘车正常		二操	
中和釜法兰、螺丝	无松动，无缺损		二操	
碱液罐加料斗阀门、放空阀、排污阀	关闭		二操	
碱液罐入中和釜阀门	关闭		二操	
反应釜顶受液罐入中和釜阀门	关闭		二操	
反应釜底入中和釜阀门	关闭		二操	
中和釜氮气入口阀	关闭		二操	
中和釜放空阀	关闭		二操	
中和釜抽真空管线阀门	关闭		二操	
轻相罐、重相罐入口阀门	关闭		二操	
轻相罐、重相罐放空阀	关闭		二操	
轻相罐、重相罐排污阀	关闭		二操	
轻相罐至筛板塔进料泵入口阀门	关闭		二操	
重相罐至筛板塔进料泵入口阀门	关闭		二操	

萃取精馏岗记录表

表 2-11　萃取精馏岗开车前准备工作记录（一操）

操作员：　　　　　　　　　　　　　　　　　　　　　　　　　　　　　年　　月　　日

检查项目	正常状态	现有状态	检查人员	签字
工艺管线	连接正确		一操	
强电柜上筛板塔进料泵电源	关闭		一操	
强电柜上萃取剂进料泵电源	关闭		一操	
强电柜上筛板塔回流泵电源	关闭		一操	
强电柜上筛板塔釜加热电源	关闭		一操	
强电柜上萃取剂罐加热电源	关闭		一操	
DCS 上筛板塔进料泵输出量开度	0		一操	
DCS 上萃取剂进料泵输出量开度	0		一操	
DCS 上筛板塔回流泵输出量开度	0		一操	
DCS 上筛板塔釜加热输出量开度	0		一操	
DCS 上萃取剂罐加热输出量开度	0		一操	

表 2-12　萃取精馏岗开车前准备工作记录（二操）

操作员：　　　　　　　　　　　　　　　　　　　　　　　　　　　　　年　　月　　日

检查项目	正常状态	现有状态	检查人员	签字
筛板塔进料泵、萃取剂进料泵地脚螺栓	无松动，无缺损		二操	
筛板塔各节螺丝	无松动，无缺损		二操	
筛板塔排污阀	关闭		二操	
筛板塔加料斗阀门、放空阀、排污阀	关闭		二操	
筛板塔底罐加料斗阀门、放空阀、排污阀	关闭		二操	
轻相罐至筛板塔进料泵入口阀门	关闭		二操	
萃取剂罐至萃取剂泵入口阀门	关闭		二操	
筛板塔五个物料入口阀门	灵活好用且关闭		二操	
筛板塔三个萃取剂入口阀门	灵活好用且关闭		二操	
筛板塔顶馏出液罐放空阀、排污阀	关闭		二操	
萃取剂罐加料斗阀门、放空阀、排污阀	关闭		二操	
筛板塔回流泵地脚螺栓	无松动，无缺损		二操	
筛板塔回流罐抽真空管线阀门、放空阀、排污阀	关闭		二操	
筛板塔回流罐轻相采出阀、轻相回流阀	关闭		二操	
筛板塔回流罐产品采出阀、轻相回流阀	关闭		二操	

萃取剂回收岗记录表

表 2-13　萃取剂回收岗开车前准备工作记录（一操）

操作员：　　　　　　　　　　　　　　　　　　　　　　　　　　　　年　　月　　日

检查项目	正常状态	现有状态	检查人员	签字
工艺管线	连接正确		一操	
强电柜上填料塔进料泵电源	关闭		一操	
强电柜上填料塔回流泵电源	关闭		一操	
强电柜上填料塔釜加热电源	关闭		一操	
DCS 上填料塔进料泵输出量开度	0		一操	
DCS 上填料塔回流泵输出量开度	0		一操	
DCS 上填料塔釜加热输出量开度	0		一操	

表 2-14　萃取剂回收岗开车前准备工作记录（二操）

操作员：　　　　　　　　　　　　　　　　　　　　　　　　　　　　年　　月　　日

检查项目	正常状态	现有状态	检查人员	签字
填料塔进料泵地脚螺栓	无松动，无缺损		二操	
填料塔各节螺丝	无松动，无缺损		二操	
填料塔排污阀	关闭		二操	
填料塔釜料入萃取剂回收罐阀门	关闭		二操	
萃取剂回收罐加料斗阀门、放空阀、排污阀	关闭		二操	
填料塔进料泵入口阀门	关闭		二操	
萃取剂回收罐至萃取剂泵入口阀门	关闭		二操	
填料塔三个物料入口阀门	灵活好用且关闭		二操	
填料塔顶馏出液罐放空阀、排污阀	关闭		二操	
填料塔回流泵地脚螺栓	无松动，无缺损		二操	
填料塔回流罐抽真空管线阀门、放空阀、排污阀	关闭		二操	
填料塔回流罐轻相采出阀、轻相回流阀	关闭		二操	
填料塔回流罐产品采出阀、轻相回流阀	关闭		二操	

子任务二 乙酸乙酯生产性实训装置开车操作

学习目标

熟悉乙酸乙酯生产过程中各岗位职责及操作规程；掌握各自岗位操作要领，各岗位人员能够互相协调配合，规范完成开车操作；熟悉正常生产过程中的工况维护及参数控制，能根据工艺参数的变化分析和调整操作，实现安全平稳、优化操作；了解各自岗位安全隐患，能够判断其中的异常现象并能够及时进行处理。

学习重点

开车操作、工况维护。

学习难点

导热油升温，温度控制。

一、公用系统岗开车操作

1. 投用前准备

[M]—协调各操作员工作，做好安全检查、记录；

[M]—准备好岗位开工方案、操作记录、巡检记录、交接班日记；

(I)—确认工艺管线连接正确；

(I)—确认强电柜上冷却水泵电源开关处于关闭状态；

(I)—确认DCS上冷却水泵输出量开度为0；

(I)—确认E202冷却水流量电动调节阀处于关闭状态；

(I)—确认E401冷却水流量电动调节阀处于关闭状态；

(I)—确认E501冷却水流量电动调节阀处于关闭状态；

(P)—确认机泵地脚螺栓无松动，无缺损；

(P)—确认压力表安装完毕，压力表底阀打开；

(P)—确认冷却水泵入口阀门、出口阀门、旁路阀门处于关闭状态；

(P)—确认晾水塔排污阀门处于关闭状态；

[P]—打开晾水塔冷却水入口阀门，向水塔注入冷却水至溢流，关闭晾水塔冷却水入口阀门；

(P)—确认E204冷却水入口阀门处于关闭状态；

(P)—确认E201冷却水转子流量计底阀处于关闭状态；

(P)—确认E202冷却水副线阀处于关闭状态，E202冷却水流量电动调节阀前置阀处于关闭状态；

(P)—确认E401冷却水副线阀处于关闭状态，E401冷却水流量电动调节阀前置阀处于关闭状态；

(P)—确认E501冷却水副线阀处于关闭状态，E501冷却水流量电动调节阀前置阀处于关闭状态。

2. 开车操作

［I］—通知二操给冷却水泵灌泵；

［P］—接到一操冷却水泵灌泵指令后打开冷却水泵旁路阀门、入口阀门 30s；

（P）—确认冷却水泵出口阀门关闭；

［P］—关闭冷却水泵旁路阀门，向一操汇报；

［I］—在强电柜上给冷却水泵送电，在 DCS 上启动冷却水泵，给定输出量开度 80%；

［P］—冷却水泵出口压力为 0.1MPa，稍开旁路阀门；

［P］—全开冷却水泵出口阀门；

［P］—根据其他岗位要求在装置现场打开相对应的冷却水管线阀门；

［P］—打开 E201 冷却水转子流量计底阀，调节至所需流量；

［P］—打开 E201 冷却水流量电动调节阀前置阀；

［P］—打开 E401 冷却水流量电动调节阀前置阀；

［P］—打开 E501 冷却水流量电动调节阀前置阀；

［I］—根据其他岗位要求在 DCS 上打开相对应的冷却水流量电动调节阀，投自动控制；

［I］—打开 E202 冷却水流量电动调节阀，调节到指定流量后投自动；

［I］—打开 E401 冷却水流量电动调节阀，调节到指定流量后投自动；

［I］—打开 E501 冷却水流量电动调节阀，调节到指定流量后投自动；

〈P〉—注意检查装置现场各设备、机泵、管路、阀门是否有异常声响、异常泄漏、异味、火花、轴承冒烟等情况，如发现立即向一操汇报；

〈I〉—注意检查自动控制系统有无异常，如发现立即向班长汇报；

〈M〉—加强岗位巡检、控制室巡检和设备巡检，如果出现异常声响、异常泄漏、异味、火花、轴承冒烟等情况立即停车，联系检修完好，重复初始状态操作。

3. 离心泵异常处理

工作过程中的离心泵常见故障及处理方法见表 2-15。

表 2-15 离心泵常见故障及处理方法

故障	现象	影响因素	处理方法
泵抽空	①机泵出口压力表读数大幅度变化； ②泵体及管线有异音、振动； ③泵出口流量减小	①泵内有气体或吸入管线漏气； ②入口管线堵塞或阀门开度小； ③入口压头不够； ④叶轮堵塞	①处理漏点，排净机泵内气体； ②开大入口阀； ③提高入口压头； ④联系检修
振动超标	振动增大	①轴承故障； ②泵与电机不对中； ③泵内有杂物； ④机泵地脚螺栓松动	①更换轴承； ②泵与电机重新找正； ③联系检修，清除杂物； ④紧固地脚螺栓
密封泄漏	密封处介质泄漏	①密封损坏； ②泵长时间抽空； ③检修质量差； ④密封质量差	①停运转泵； ②联系钳工处理
自动掉闸	泵停转	①电机设备故障； ②电机超负荷造成电流过大	停运转泵，联系检修
效率下降	出口压力下降，流量不足	①泵叶轮流道磨损、腐蚀； ②叶轮口间隙过大	停运转泵，联系检修

二、酯化反应岗开车操作

1. 投用前准备

[M]—协调各操作员工作,做好安全检查、记录;

[M]—准备好岗位开工方案、操作记录、巡检记录、交接班日记;

[M]—将132g磷钼酸溶于500mL乙醇中,再准备500mL备用;

(I)—确认工艺管线连接正确;

(I)—确认强电柜上乙酸进料泵、乙醇进料泵、反应釜搅拌电机电源开关处于关闭状态;

(I)—确认DCS上反应釜搅拌电机输出量开度为0;

[P]—对反应釜搅拌轴进行盘车;

(P)—确认反应釜搅拌轴盘车正常;

(P)—确认乙酸原料罐、乙醇原料罐的加料斗阀门、放空阀、排污阀处于关闭状态;

(P)—确认乙酸进料泵、乙醇进料泵地脚螺栓无松动,无缺损;

(P)—确认乙酸进料泵、乙醇进料泵的入口阀、副线阀、出口阀处于关闭状态;

(P)—确认反应釜排污阀处于关闭状态;

(P)—确认反应釜底入中和釜阀门处于关闭状态;

(P)—确认反应釜导热油排污阀处于关闭状态;

(P)—确认反应釜法兰、螺丝无松动、缺损;

(P)—确认反应釜物料入口阀门、氮气入口阀门处于关闭状态;

(P)—确认反应釜催化剂加料斗阀门处于关闭状态;

(P)—确认反应釜催化剂加料斗阀门关闭,夹套膨胀节放空阀打开;

(P)—确认反应釜顶受液罐放空阀、反应釜顶受液罐入中和釜阀门、反应釜顶受液罐向反应釜回流手控阀、反应釜顶受液罐去轻相罐阀门、反应釜顶受液罐抽真空管线阀门处于关闭状态。

2. 酯化反应岗开车操作

[I]—通知二操分别向乙酸原料罐、乙醇原料罐加原料至1/2~2/3液位;

[P]—接到一操向原料罐加原料指令分别打开乙酸原料罐、乙醇原料罐放空阀和进料斗阀门,向乙酸原料罐、乙醇原料罐加原料至1/2~2/3液位;

[P]—关闭乙酸原料罐、乙醇原料罐进料斗阀门,记录乙酸原料罐、乙醇原料罐液位,向一操汇报;

[I]—通知二操准备启动乙酸进料泵、乙醇进料泵;

[P]—接到一操准备启动乙酸进料泵、乙醇进料泵指令后打开乙酸进料泵、乙醇进料泵入口阀、副线阀、反应釜物料入口阀,向一操汇报;

[I]—在强电柜上给乙酸进料泵送电;

(P)—确认乙酸进料泵开始转动,副线管路有物料回流声音,向一操汇报;

[I]—通知二操向反应釜进乙酸5L;

[P]—接到一操进乙酸指令后,打开乙酸进料泵出口阀,关闭副线阀;

[P]—观察乙酸原料罐液位降为6cm时打开乙酸进料泵副线阀,关闭乙酸进料泵出口阀,向一操汇报;

[I]—在强电柜上给乙酸进料泵断电源;

[I]—在强电柜上给乙醇进料泵送电；

(P)—确认乙醇进料泵开始转动，副线管路有物料回流声音，向一操汇报；

[I]—通知二操向反应釜进乙醇10L；

[P]—接到一操进乙醇指令后，打开乙醇进料泵出口阀，关闭副线阀；

[P]—观察乙醇原料罐液位降为12cm时打开乙醇进料泵副线阀，关闭乙醇进料泵出口阀，向一操汇报；

[I]—在强电柜上给乙醇进料泵断电源；

[P]—乙酸进料泵、乙醇进料泵停止转动后，关闭乙酸进料泵、乙醇进料泵入口阀、副线阀，关闭乙酸原料罐、乙醇原料罐放空阀，关闭反应釜物料入口阀，向一操汇报；

[I]—通知二操向反应釜进催化剂；

[P]—接到一操进催化剂指令后，打开反应釜催化剂加料斗阀门，将溶有132g磷钼酸的500mL乙醇溶液加入反应釜中，再用500mL乙醇冲洗，关闭反应釜催化剂加料斗阀门，向一操汇报；

[I]—在强电柜上给反应釜电机送电，在DCS上启动反应釜电机，给定输出量开度为20%，逐渐提高到40%；

<P>—确认反应釜搅拌转动，声音正常；

[I]—在强电柜上给导热油罐加热送电，在DCS上启动导热油罐加热，给定输出量开度为100%；

[I]—通知二操准备启动导热油泵；

[P]—接到一操准备启动导热油泵指令后打开导热油泵入口阀、副线阀、出口阀、导热油流量计前后阀、导热油流量调节阀、反应釜夹套进口阀、出口阀，向一操汇报；

[I]—打开导热油流量调节阀，开度100%；

[I]—启动导热油泵；

(P)—确认导热油泵开始转动，副线管路有物料回流声音，向一操汇报；

[P]—关闭副线阀门，导热油开始给反应釜循环升温；

[I]—当反应釜内温度为60℃后向班长汇报；

[M]—联系公用系统岗给反应釜顶冷凝柱（E201）、反应釜顶冷凝器（E202）通冷却水，反应釜顶冷凝柱（E201）冷却水流量为140L/h、反应釜顶冷凝器（E202）冷却水流量为0.4～0.5m³/h；

[I]—控制反应釜内温度为70～80℃后投自动，反应2～3h后向班长汇报；

[M]—反应釜内温度为70～80℃，反应2～3h，联系公用系统岗停反应釜顶冷凝柱（E201）冷却水；

[I]—通知二操准备收集产品；

[P]—接到一操收集产品指令后，打开反应釜顶受液罐（V203）放空阀，收集产品，反应釜顶受液罐液位达1/2后，向一操汇报，向班长汇报；

<M>—联系分析人员取样分析；

〈P〉—注意检查装置现场各设备、机泵、管路、阀门是否有异常声响、异常泄漏、异味、火花、轴承冒烟等情况，如发现立即向一操汇报；

〈I〉—注意检查自动控制系统有无异常，如发现立即向班长汇报；

〈M〉—加强岗位巡检、控制室巡检和设备巡检，如果出现异常声响、异常泄漏、异味、火花、轴承冒烟等情况立即停车，联系检修完好，重复初始状态操作。

三、中和反应岗开车操作

1. 投用前准备

［M］—协调各操作员工作，做好安全检查、记录；

［M］—准备好岗位开工方案、操作记录、巡检记录、交接班日记；

［M］—准备好饱和碳酸钠溶液；

（I）—确认工艺管线连接正确；

（I）—确认强电柜上中和釜搅拌电机电源开关处于关闭状态；

（I）—确认DCS上中和釜搅拌电机输出量开度为0；

［P］—对中和釜搅拌轴进行盘车；

（P）—确认中和釜搅拌轴盘车正常；

（P）—确认中和釜法兰、螺丝无松动、缺损；

（P）—确认碱液罐加料斗阀门、放空阀、排污阀处于关闭状态；

（P）—确认碱液罐入中和釜阀门处于关闭状态；

（P）—确认反应釜顶受液罐入中和釜阀门处于关闭状态；

（P）—确认反应釜底入中和釜阀门处于关闭状态；

（P）—确认中和釜氮气入口阀处于关闭状态；

（P）—确认中和釜放空阀处于关闭状态；

（P）—确认中和釜抽真空管线阀门处于关闭状态；

（P）—确认轻相罐入口阀门、重相罐入口阀门处于关闭状态；

（P）—确认轻相罐、重相罐放空阀处于关闭状态；

（P）—确认轻相罐、重相罐排污阀处于关闭状态；

（P）—确认轻相罐至筛板塔进料泵入口阀门、重相罐至筛板塔进料泵入口阀门处于关闭状态。

2. 中和反应岗开车操作

［P］—打开碱液罐放空阀、加料斗阀门，向碱液罐加饱和碳酸钠溶液至1/2～2/3液位，记录碱液罐液位；

［P］—关闭碱液罐加料斗阀门，向一操汇报；

［M］—联系酯化反应岗准备将反应釜顶受液罐中物料加入中和釜；

［I］—通知二操将反应釜顶受液罐中物料、饱和碳酸钠溶液加入中和釜；

［P］—打开中和釜放空阀，打开反应釜顶受液罐放空阀，打开反应釜顶受液罐入中和釜阀门，将物料全部加入中和釜；

［P］—关闭反应釜顶受液罐入中和釜阀门，关闭反应釜顶受液罐放空阀；

［P］—打开碱液罐入中和釜阀门，加适量饱和碳酸钠溶液；

［P］—加料结束后关闭碱液罐入中和釜阀门，关闭碱液罐放空阀，向一操汇报；

［I］—在强电柜上给中和釜电机送电，在DCS上启动中和釜电机，给定输出量开度为20%，逐渐提高到40%，反应0.5h；

〈P〉—注意检查装置现场各设备、机泵、管路、阀门是否有异常声响、异常泄漏、异味、火花、轴承冒烟等情况，如发现立即向一操汇报；

〈I〉—注意检查自动控制系统有无异常，如发现立即向班长汇报；

〈M〉—加强岗位巡检、控制室巡检和设备巡检，如果出现异常声响、异常泄漏、异味、火花、轴承冒烟等情况立即停车，联系检修完好，重复初始状态操作。

四、萃取精馏岗开车操作

1. 投用前准备

[M]—协调各操作员工作，做好安全检查、记录；

[M]—准备好岗位开工方案、操作记录、巡检记录、交接班日记；

(I)—确认工艺管线连接正确；

(I)—确认强电柜上筛板塔进料泵、萃取剂进料泵、筛板塔回流泵、筛板塔釜加热、萃取剂罐加热电源开关处于关闭状态；

(I)—确认DCS上筛板塔进料泵、萃取剂进料泵、筛板塔回流泵、筛板塔釜加热、萃取剂罐加热输出量开度为0；

(P)—确认筛板塔进料泵、萃取剂进料泵地脚螺栓无松动，无缺损；

(P)—确认筛板塔各节螺丝无松动、无缺损；

(P)—确认筛板塔排污阀处于关闭状态；

(P)—确认筛板塔釜料入筛板塔底罐阀门处于关闭状态；

(P)—确认筛板塔底罐加料斗阀门、放空阀、排污阀处于关闭状态；

(P)—确认轻相罐至筛板塔进料泵入口阀门、萃取剂罐至萃取剂泵入口阀门处于关闭状态；

(P)—确认筛板塔五个物料入口阀门灵活好用且处于关闭状态；

(P)—确认筛板塔三个萃取剂入口阀门灵活好用且处于关闭状态；

(P)—确认筛板塔顶馏出液罐放空阀、排污阀处于关闭状态；

(P)—确认萃取剂加料斗阀门、放空阀、排污阀处于关闭状态；

(P)—确认筛板塔回流泵地脚螺栓无松动，无缺损；

(P)—确认筛板塔回流罐抽真空管线阀门、放空阀、排污阀处于关闭状态；

(P)—确认筛板塔回流罐轻相采出阀、轻相回流阀处于关闭状态；

(P)—确认筛板塔回流罐产品采出阀、产品回流阀处于关闭状态。

2. 萃取精馏岗开车操作

[I]—通知二操向萃取剂罐中加萃取剂至1/2~2/3液位；

[P]—接到一操加萃取剂指令后，打开萃取剂罐放空阀，打开萃取剂罐加料斗阀门，向罐中加萃取剂至1/2~2/3液位，加料结束后，关闭萃取剂罐加料斗阀门，向一操汇报；

[I]—在强电柜上给萃取剂罐加热送电，在DCS上启动萃取剂罐加热，给定输出量开度为40%，逐渐增加到60%，控制萃取剂温度与萃取剂进筛板塔进料口处对应塔板温度相同，投自动；

[I]—通知二操准备向筛板塔进物料；

[P]—接到一操准备进料指令后，打开筛板塔底罐放空阀，打开轻相罐放空阀，打开轻相罐至筛板塔进料泵入口阀门，打开筛板塔进料泵至筛板塔物料最高进料口阀门，向一操汇报；

[I]—在强电柜上给筛板塔进料泵送电，在DCS上启动筛板塔进料泵，给定输出量开度为20%，逐渐调整到60%；

[P]—观测装置现场筛板塔塔釜液位指示，与一操沟通；

［I］—筛板塔塔釜液位为100mm（现场液位计示数为一半）后，在DCS上启动筛板塔进料泵，给定输出量开度为0，在强电柜上给筛板塔进料泵断电源；

［P］—筛板塔进料泵停止转动后，关闭轻相罐放空阀，关闭筛板塔进料泵至筛板塔物料最高进料口阀门，向一操汇报；

［I］—通知二操准备向筛板塔进萃取剂；

［P］—接到一操准备进料指令后，打开萃取剂罐至萃取剂泵入口阀门，打开萃取剂泵至筛板塔萃取剂最高进料口阀门，向一操汇报；

［I］—在强电柜上给萃取剂泵送电，在DCS上启动萃取剂泵，给定输出量开度为20%，逐渐调整到60%；

［I］—筛板塔塔釜液位为200mm（溢流）后，在DCS上停萃取剂泵，给定输出量开度为0，在强电柜上给萃取剂泵断电源；

［P］—萃取剂泵停止转动后，关闭萃取剂罐放空阀，关闭萃取剂泵至筛板塔萃取剂最高进料口阀门，关闭萃取剂罐至萃取剂泵入口阀门，向一操汇报；

［I］—通知二操半开筛板塔回流罐放空阀；

［P］—半开筛板塔回流罐放空阀后向一操汇报；

［I］—在强电柜上给筛板塔塔釜加热送电，在DCS上启动筛板塔塔釜加热，给定输出量开度为40%，逐渐调整到60%，控制塔釜温度为90~110℃，塔顶温度为77~80℃后投自动；

<I>—如果筛板塔塔釜液位降低、温度升高或者筛板塔回流罐液位不能达到100mm，可再补加一部分物料；

<I>—注意观察各塔节和塔顶温度、塔节和塔釜压力；

［I］—塔顶接近50℃时，向班长汇报；

［M］—联系公用系统岗给筛板塔顶冷凝器通冷却水，流量为0.4~0.5m³/h；

［I］—观察回流罐液位达100mm，塔顶达到77~80℃时，通知二操准备启动筛板塔回流泵；

［P］—打开筛板塔回流罐产品至筛板塔回流泵入口阀门，向一操汇报；

［I］—在强电柜上给筛板塔回流泵送电，在DCS上启动筛板塔回流泵，给定输出量开度为10%；

［I］—筛板塔各塔节温度稳定后，通知二操准备进萃取剂；

［P］—接到一操准备进萃取剂指令后，打开萃取剂罐放空阀，打开萃取剂罐至萃取剂泵入口阀门，打开萃取剂泵至筛板塔萃取剂最高进料口阀门，向一操汇报；

［I］—在强电柜上给萃取剂泵送电，在DCS上启动萃取剂泵，给定输出量开度为30%；

［I］—通知二操准备进物料；

［P］—接到一操准备进料指令后，打开轻相罐放空阀，打开轻相罐至筛板塔进料泵入口阀门，打开筛板塔进料泵至筛板塔物料最高进料口阀门，向一操汇报；

［I］—在强电柜上给筛板塔进料泵送电，在DCS上启动筛板塔进料泵，给定输出量开度为10%；

［I］—各塔节温度、塔顶压力、塔釜压力稳定后向班长汇报；

［M］—联系分析人员每隔10min采样分析筛板塔回流罐中产品浓度，达到要求后通知二操采出产品；

［P］—接到班长采出产品指令后，打开筛板塔顶馏出液罐放空阀，适量打开筛板塔回流罐入筛板塔顶馏出液罐阀门，保证筛板塔回流罐液位维持在1/2左右；

〈P〉—注意检查装置现场各设备、机泵、管路、阀门是否有异常声响、异常泄漏、异味、火花、轴承冒烟等情况，如发现立即向一操汇报；

〈I〉—注意检查自动控制系统有无异常，如发现立即向班长汇报；

〈M〉—加强岗位巡检、控制室巡检和设备巡检，如果出现异常声响、异常泄漏、异味、火花、轴承冒烟等情况立即停车，联系检修完好，重复初始状态操作。

3. 萃取精馏岗异常现象处理

萃取精馏过程中常见异常现象（塔顶馏分不合格原因）及处理方法见表2-16。

表2-16 塔顶馏分不合格原因及处理方法

塔顶馏分不合格原因	处理方法
溶剂被杂质污染、含水量太高，引起溶剂选择性降低	更换溶剂
溶剂流量偏低、回流量过大，引起溶剂选择性降低	增加溶剂流量或减少回流量
回流量过小，使实际回流比小于最小回流比，无法完成分离要求	增加回流量
溶剂的入塔温度过高，使重组分上到塔顶	降低溶剂入塔温度
釜温过高，使重组分上到塔顶	降低釜温
萃取剂回收塔蒸出不完全，使循环溶剂中携带乙醇和水	提高萃取剂回收塔釜温

五、萃取剂回收岗开车操作

1. 投用前准备

[M]—协调各操作员工作，做好安全检查、记录；

[M]—准备好岗位开工方案、操作记录、巡检记录、交接班日记；

(I)—确认工艺管线连接正确；

(I)—确认强电柜上填料塔进料泵、填料塔回流泵、填料塔釜加热电源开关处于关闭状态；

(I)—确认DCS上填料塔进料泵、填料塔回流泵、填料塔釜加热输出量开度为0；

(P)—确认填料塔进料泵地脚螺栓无松动，无缺损；

(P)—确认填料塔各节螺丝无松动、无缺损；

(P)—确认填料塔釜排污阀处于关闭状态；

(P)—确认填料塔釜料入萃取剂回收罐阀门处于关闭状态；

(P)—确认萃取剂回收罐加料斗阀门、放空阀、排污阀处于关闭状态；

(P)—确认填料塔进料泵入口阀门处于关闭状态；

(P)—确认萃取剂回收罐至萃取剂泵入口阀门处于关闭状态；

(P)—确认填料塔三个物料入口阀门灵活好用且处于关闭状态；

(P)—确认填料塔顶馏出液罐放空阀、排污阀处于关闭状态；

(P)—确认填料塔回流泵地脚螺栓无松动，无缺损；

(P)—确认填料塔回流罐抽真空管线阀门、放空阀、排污阀处于关闭状态；

(P)—确认填料塔回流罐轻相采出阀、轻相回流阀处于关闭状态；

(P)—确认填料塔回流罐产品采出阀、产品回流阀处于关闭状态。

2. 萃取剂回收岗开车操作

[I]—通知二操准备向填料塔进料；

[P]—接到一操准备向填料塔进料指令后，打开筛板塔底罐放空阀，打开填料塔进料泵入口

阀门，打开填料塔进料泵至填料塔最高进料口阀门，打开萃取剂回收罐放空阀，向一操汇报；

[I]—在强电柜上给填料塔进料泵送电，在DCS上启动填料塔进料泵，给定输出量开度为40%，至填料塔液位为200mm；

[P]—观测装置现场填料塔塔釜液位，溢流后向一操汇报；

[I]—在DCS上停填料塔进料泵，给定输出量开度为0，在强电柜上给填料塔进料泵断电源；

[P]—填料塔进料泵停止转动后，关闭萃取剂回收罐放空阀，半开填料塔回流罐放空阀，向一操汇报；

[I]—在强电柜上给填料塔塔釜加热送电，在DCS上启动填料塔塔釜加热，给定输出量开度为40%，逐渐增加到60%，控制塔釜温度为120~150℃，塔顶温度在80~110℃，投自动；

<I>—如果填料塔塔釜液位降低、温度升高或者填料塔回流罐液位不能达到100mm，可再补加一部分物料；

<I>—注意观察各塔节和塔顶温度、塔顶压力和塔釜压力；

[I]—塔顶接近50℃时，向班长汇报；

[M]—联系公用系统岗给填料塔顶冷凝器通冷却水，流量为500~600L/h；

[I]—观察回流罐液位，达100mm时，通知二操准备启动填料塔回流泵；

[P]—打开填料塔顶馏出液罐放空阀，稍开填料塔回流罐产品采出阀门，保证填料塔回流罐液位维持在1/2左右；

[I]—在强电柜上给填料塔进料泵送电，在DCS上启动填料塔进料泵，给定输出量开度为30%；

[P]—当筛板塔底罐中物料打空后，向一操汇报；

[I]—在DCS上停填料塔进料泵，给定输出量开度为0，在强电柜上给填料塔进料泵断电源；

[P]—填料塔进料泵停止转动后，关闭轻相罐放空阀，关闭填料塔进料泵入口阀门，打开萃取剂回收罐至萃取剂泵入口阀门，打开装置多用途切换阀1，准备用填料塔进行自身带罐循环，向一操汇报；

[I]—在强电柜上给萃取剂泵送电，在DCS上启动填料塔进料泵，给定输出量开度为30%；

〈I〉—注意观察各塔节和塔顶温度、塔顶压力和塔釜压力，注意检查自动控制系统有无异常，如发现立即向班长汇报；

〈P〉—注意检查装置现场各设备、机泵、管路、阀门是否有异常声响、异常泄漏、异味、火花、轴承冒烟等情况，如发现立即向一操汇报；

〈M〉—加强岗位巡检、控制室巡检和设备巡检，如果出现异常声响、异常泄漏、异味、火花、轴承冒烟等情况立即停车，联系检修完好，重复初始状态操作。

想一想：

乙酸乙酯开车前需做哪些工作？各个岗位如何正确开车？

将表2-17~表2-28记录并上交授课教师。

表 2-17 乙酸乙酯化工综合实训装置公用系统岗操作记录

操作员：　　　年　月　日

时间	冷却水泵开度 /%	出口压力 /MPa	E201 冷却水流量 /(L/h)	E201 冷却水流量 /(L/h)	E201 冷却水流量 /(L/h)	E201 冷却水流量 /(L/h)	备注

要求：1. 工整填写，不允许涂抹，记录错误时从中心划一下，并签字注明原因；
2. 有操作时要记录，没有操作时每隔 10min 记录一次。

表2-18 乙酸乙酯化工综合实训装置酯化反应岗操作记录

操作员：　　　年　月　日

时间	乙酸进料量/L	乙醇进料量/L	催化剂加入量/g	搅拌器开度/%	导热油罐加热开度/%	夹套温度/℃	釜温/℃	温差/℃	备注

要求：1. 工整填写，不允许涂抹，记录错误时从中心划一下，并签字注明原因；
2. 有操作时要记录，没有操作时每隔10min记录一次。

操作员：　　年　月　日

表 2-19　乙酸乙酯化工综合实训装置萃取精馏岗操作记录

时间	塔釜加热功率开度 /%	进料温度 /℃	塔釜温度 /℃	塔中温度 /℃	回流温度 /℃	塔釜压力 /kPa	塔顶压力 /kPa	塔釜液位 /mm	回流罐液位 /mm	P401开度 /%	P301开度 /%	P402开度 /%	P501开度 /%	塔顶温度 /℃	备注

要求：1. 工整填写，不允许涂抹，记录错误时从中心划一下，并签字注明原因；
2. 有操作时要记录，没有操作时每隔10min记录一次。

操作员:　　　　　　　　　　　　　　　　　　　　　　　　　　　　　　　　　　　　　　年　　月　　日

表 2-20　乙酸乙酯化工综合实训装置萃取剂回收岗操作记录

时间	塔釜加热功率开度 /%	进料温度 /℃	塔釜温度 /℃	塔中温度 /℃	塔顶温度 /℃	塔釜压力 /kPa	塔顶压力 /kPa	塔釜液位 /mm	回流罐液位 /mm	P501 开度 /%	P401 开度 /%	P502 开度 /%	回流温度 /℃	备注

要求: 1. 工整填写, 不允许涂抹, 记录错误时从中心划一下, 并签字注明原因;
　　　2. 有操作时要记录, 没有操作时每隔 10min 记录一次。

表 2-21　正常生产班长巡检记录（一）

年　月　日

时间	导热油加热开度 /%	筛板塔加热开度 /%	萃取剂罐加热开度 /%	填料塔加热开度 /%	筛板塔进料预热器加热开度 /%	签字

要求：每隔 25min 巡检一次。

表2-22　正常生产班长巡检记录（二）

年　月　日

时间	导热油泵	填料塔	进料泵	筛板塔	进料泵	萃取剂泵	筛板塔	回流泵	中和釜电机	填料塔	回流泵	反应釜电机	冷却水泵	签字

要求：每隔25min巡检一次。

表2-23 正常生产班长巡检记录（三）

年　月　日

时间	公用系统岗	酯化反应岗	萃取精馏岗	萃取剂回收岗	签字

要求：每隔25min巡检一次，主要检查各岗位设备运转情况、管路、阀门是否有泄漏现象。

表 2-24 公用系统岗正常生产巡检记录

操作员：　　年　月　日

时间	水箱水位	冷却水泵运转情况	冷却水泵出口压力/kPa	E201冷却水流量/L/h	E202冷却水流量/L/h	E401冷却水流量/L/h	E501冷却水流量/L/h	管线、阀门状况	签字

要求：1. 每隔 25min 巡检一次；
2. 装置现场主要由二操巡检，控制室操作主要由一操记录。

表 2-25　酯化反应岗正常生产巡检记录

操作员：　　年　月　日

时间	乙酸罐液位 /cm	乙醇罐液位 /cm	搅拌电机	E201冷却效果	E202冷却效果	反应釜顶受液罐液位	管线、阀门状况	签字

要求：1. 每隔25min巡检一次；
2. 装置现场主要由二操巡检，控制室操作主要由一操记录。

表 2-26　中和反应岗正常生产巡检记录

操作员：　　年　月　日

时间	搅拌电机	中和釜放空阀	中和釜入重相罐阀门	中和釜入重相罐阀门	管线、阀门状况	签字

要求：1. 每隔 25min 巡检一次；
2. 装置现场主要由二操巡检，控制室操作主要由一操记录。

表 2-27 萃取精馏岗正常生产巡检记录

操作员：　　年　月　日

时间	轻相罐液位	筛板塔塔釜液位	筛板塔底罐液位	筛板塔进料泵运转情况	萃取剂罐液位	萃取剂泵运转情况	筛板塔回流罐液位	筛板塔回流泵运转情况	E401冷却效果	管线、阀门状况	筛板塔顶馏出液罐液位	签字

要求：1. 每隔 25min 巡检一次；
2. 装置现场主要由二操巡检，控制室操作主要由一操记录。

表 2-28 萃取剂回收岗正常生产巡检记录

操作员：　　　　　　　　　　　　　　　　　　　　　　　　　　　　　　　　　　　　年　月　日

时间	筛板塔底罐液位	填料塔釜液位	萃取剂回收罐液位	填料塔进料泵运转情况	填料塔顶馏出液罐液位	填料塔回流罐液位	填料塔回流泵运转	E501冷却效果	管线、阀门状况	萃取剂泵运转情况	签字

要求：1. 每隔 25min 巡检一次；
2. 装置现场主要由二操巡检，控制室操作主要由一操记录。

子任务三　生产性实训装置停车操作

学习目标
熟练掌握停车方案及方案中各岗位职责及操作规程，各岗位人员能够互相协调配合，规范完成停车操作；熟悉影响各自岗位产品质量的各项因素，熟练进行降温降量调节操作，能够预判停车过程中可能出现的异常情况，并及时应对处理。

学习重点
停车操作、工况维护。

学习难点
降温，降料。

一、公用系统岗停车操作

[I]—通知二操准备停冷却水泵；

(P)—接到一操准备停冷却水泵指令后，确认冷却水泵旁路阀门打开，未开则开，向一操汇报；

[I]—通知二操停现场所有岗位冷却水；

(P)—接到一操停现场冷却水泵指令后，确认 E201 冷却水转子流量计底阀处于关闭状态，未关则关，向一操汇报；

(I)—确认 E202 冷却水流量电动调节阀处于关闭状态，未关则关；

(I)—确认 E401 冷却水流量电动调节阀处于关闭状态，未关则关；

(I)—确认 E501 冷却水流量电动调节阀处于关闭状态，未关则关；

[I]—通知二操关闭冷却水泵出口阀门、旁路阀门；

[P]—接到一操指令后关闭冷却水出口阀门；

[P]—关闭冷却水泵旁路阀门，向一操汇报；

[I]—在 DCS 上停冷却水泵，给定输出量开度为 0；

[I]—在强电柜上给冷却水泵断电源；

[P]—冷却水泵停转后，关闭冷却水泵入口阀；

[P]—关闭 E201 冷却水流量电动调节阀前置阀；

[P]—关闭 E401 冷却水流量电动调节阀前置阀；

[P]—关闭 E501 冷却水流量电动调节阀前置阀。

二、酯化反应岗停车操作

[I]—当反应釜内温度超过 75℃后，在 DCS 上停导热油罐加热，给定输出量开度为 0，在强电柜上给反应釜加热断电源；

[I]—当反应釜内温度低于 40℃后通知二操停止收集产品；

[P]—接到一操停止收集产品指令后，关闭反应釜顶受液罐（V203）放空阀；

［I］—在 DCS 上停反应釜电机，给定输出量开度设为0，在强电柜上给反应釜电机断电源，向班长汇报；

［M］—联系公用系统岗停反应釜顶冷凝器（E202）冷却水；

［M］—根据取样分析结果，若乙酸含量＞5%，通知中和岗物料准备进入中和釜；若乙酸含量＜5%，通知中和岗物料准备进轻相罐（V302）中。

三、中和反应岗停车操作

［I］—中和反应0.5h后，在DCS上停中和釜电机，给定输出量开度为0，在强电柜中给中和釜电机断电源；

［I］—静置3h后，通知二操出料；

［P］—打开重相罐、轻相罐放空阀，缓慢打开重相罐入口阀门，注意观察视镜，出现分层后，适时关闭重相罐入口阀门，打开轻相罐入口阀门，将油层物料全部排入轻相罐；

［P］—关闭重相罐、轻相罐放空阀；

［P］—关闭中和釜放空阀。

四、萃取精馏岗停车操作

［P］—当轻相罐中物料打空后向一操汇报；

［I］—在DCS上停筛板塔釜进料泵，给定输出量开度为0，在强电柜中给筛板塔进料泵断电源；

［P］—筛板塔进料泵停止转动后，关闭轻相罐放空阀，关闭轻相罐至筛板塔进料泵入口阀门，关闭筛板塔进料泵至筛板塔物料最高进料口阀门，向一操汇报；

［I］—在DCS上停萃取剂泵，给定输出量开度为0，在强电柜中给萃取剂泵断电源；

［P］—萃取剂泵停止转动后，关闭萃取剂罐放空阀，关闭萃取剂罐至萃取剂泵入口阀门，关闭萃取剂泵至筛板塔萃取剂最高进料口阀门，向一操汇报；

［I］—当塔顶温度明显下降或塔釜温度明显上升时，通知二操停止采出；

［P］—接到一操停止采出指令后，关闭筛板塔回流罐至筛板塔顶流出罐阀门，关闭筛板塔顶馏出液罐放空阀，向一操汇报；

［I］—在DCS上停筛板塔加热，给定输出量开度为0，在强电柜中给筛板塔加热断电源；

［I］—在DCS上停筛板塔回流泵，给定输出量开度为0，在强电柜中给筛板塔回流泵断电源；

［P］—筛板塔回流泵停止转动后，关闭筛板塔回流罐产品回流阀门，向一操汇报；

［I］—筛板塔顶温度冷却至50℃左右时，向班长汇报；

［M］—联系公用系统岗停筛板塔顶冷凝器冷却水；

［I］—通知二操关闭筛板塔回流罐放空阀；

［P］—接到一操关闭筛板塔回流罐放空阀指令后，关闭筛板塔回流罐放空阀；

［I］—筛板塔塔釜温度降至室温时，通知二操将筛板塔釜料采出；

［P］—接到一操筛板塔釜料采出指令后，打开筛板塔底罐放空阀，打开筛板塔釜料入筛板塔底罐阀门，将重组分排入筛板塔底罐，关闭筛板塔釜料筛板塔底罐阀门，关闭筛板塔底罐放空阀。

五、萃取剂回收岗停车操作

[I]—当塔顶温度明显下降时，在DCS上停萃取剂泵，给定输出量开度为0，在强电柜中给萃取剂泵断电源，通知二操停止进料、停止采出；

[P]—接到一操停止进料、停止采出指令后，关闭萃取剂回收罐至萃取剂泵入口阀门，关闭装置多用途切换阀1，关闭填料塔最高进料口阀门，关闭填料塔回流罐产品采出阀门，关闭填料塔顶馏出液罐放空阀，向一操汇报；

[I]—在DCS上停填料塔釜加热，给定输出量开度为0，在强电柜上给填料塔塔釜加热断电源；

[I]—填料塔顶温度冷却至50℃左右时，向班长汇报；

[M]—联系公用系统岗停填料塔顶冷凝器冷却水；

[I]—通知二操关闭填料塔回流罐放空阀；

[P]—接到一操关闭填料塔回流罐放空阀指令后，关闭填料塔回流罐放空阀；

[I]—填料塔塔釜温度降至室温时，通知二操将填料塔釜料采出；

[P]—接到一操填料塔釜料采出指令后，打开萃取剂回收罐放空阀，打开填料塔釜料至萃取剂回收罐阀门，将回收的萃取剂排入萃取剂回收罐中，关闭填料塔釜料至萃取剂回收罐阀门，关闭萃取剂回收罐放空阀。

任务四　数据处理及撰写报告

学习目标

熟悉乙酸乙酯生产过程中各岗位数据记录及处理，能够根据仪表显示情况及记录数据准确进行数据处理及工艺计算，能够对所得结果给出合理分析，并能够根据分析结果进行优化操作。

学习重点

数据处理、工艺计算。

学习难点

转化率、收率、产率。

1. 乙酸、乙醇投料量计量

本装置投料量为：乙酸5L、乙醇10L，通过观察乙酸原料罐、乙醇原料罐液位差来控制原料加料量。

乙酸、乙醇原料罐尺寸为：$\phi 325 \times L540$（内径为325mm），相应的1mm高度对应的体积为：

$$V = \frac{1}{4}\pi d^2 = \frac{1}{4} \times 3.14 \times 325^2 = 82916(mm^3) = 0.083(L)$$

5L 乙酸对应的液位差为：$h_1 = \dfrac{5}{0.083} = 60(\mathrm{mm}) = 6(\mathrm{cm})$

10L 乙酸对应的液位差为：$h_2 = \dfrac{10}{0.083} = 120(\mathrm{mm}) = 12(\mathrm{cm})$

2. 酯化反应转化率

假设反应过程没有副反应发生，因为乙醇过量，所以应以加入的乙酸量为依据进行计算。对产物进行分析，可以分析出产物中乙酸残余量，反应掉的乙酸量即为加入量与残余量之差，以此为依据进行转化率的计算，如下式所示。

$$V_{酸反} = V_{酸加} - V_{酸余}$$

$$转化率(\%) = \dfrac{V_{酸反}}{V_{酸加}}$$

3. 酯化反应乙酸乙酯产率

假设反应过程没有副反应发生，因为乙醇过量，所以应以加入的乙酸量为依据进行计算。理论生成的乙酸乙酯的体积为 8.55L，实际生成的乙酸乙酯的体积可以通过对酯化反应产品进行分析得到，产率计算如下式所示。

$$产率(\%) = \dfrac{V_{酯实际}}{V_{酯理论}} \times 100\% = \dfrac{V_{酯实际}}{8.55} \times 100\%$$

📁 议一议：

结合操作过程，分析讨论数据处理结果。

📁 想一想：

乙酸乙酯两种生产过程在操作中有什么不同？

📁 画一画：

绘制乙酸乙酯生产的工艺流程。

完成乙酸乙酯生产性实训报告。

乙酸乙酯生产性实训报告

班级：_____　　姓名：_____　　学号：_____　　成绩：_____

实训项目	
实训任务	
组　员	
实训准备	
工作过程	
注意事项	
学习反思	

【知识拓展】

化工厂内外操岗位主要职责

化工厂按照分管任务或工作职责的不同分为多种工作岗位，不同岗位的主要工作职责也是不一样的，下面主要介绍通用的班长、内操和外操的主要工作职责，在不同的生产装置操作时还会有具体的岗位和设备的工作职责和操作规程。

1. 班长岗位职责

① 贯彻执行上级对安全生产的指令和要求，对本班组的安全生产工作全面负责。

② 组织本班组职工认真学习和严格执行各项安全生产规章制度和安全操作规程，杜绝违章指挥、违章作业、违反劳动纪律的行为。

③ 认真履行"三级安全教育培训"中的班组安全生产教育和培训职责。

④ 组织本班组职工深入分析和辨识本岗位存在的各类危险有害因素，做好风险管控。

⑤ 组织本班组职工深入研究和分析物料（包括原料、中间产品、副产品和产品）的理化性质、爆炸极限、闪点、引燃温度、危险特性、工艺参数等与泄漏、火灾、爆炸、中毒事故的关系，熟知相应的应急处理措施，全面掌握本岗位安全生产知识和技能。

⑥ 组织做好生产设备、安全设施、防护装备和应急救援器材的检查、维护、保养，使其始终保持完好和正常状态，并会正确操作和使用。

⑦ 负责做好班组各项安全生产记录。在交接班时，认真交接安全生产事宜。

⑧ 督促班组职工正确佩戴和使用劳动保护用品。

⑨ 组织做好班组安全检查，发现隐患和问题应当立即消除，并向上级报告。

⑩ 负责落实涉及本岗位的安全整改措施。

⑪ 组织班组严格按照安全操作规程进行精心操作，若出现异常工况，立即向上级报告，同时应当分析原因及其可能产生的事故后果，并采取有效的处置措施。

⑫ 发生事故立即向上级报告，并立即组织有关人员抢险救援，及时疏散无关人员，最大限度地减少事故伤亡和损失。同时，要保护好现场，做好相关记录。

⑬ 负责组织做好班组安全生产文化建设活动。坚持班前讲解安全，强化"三不伤害"意识，杜绝"三违"行为；坚持班中检查安全，严格落实巡检制度，尽早发现并及时消除事故隐患；坚持班后总结安全，用心总结安全操作情况，不断完善和提升安全生产管理。

⑭ 负责组织本班组职工开展经常性的全面安全生产管理小组活动，研究安全生产事宜，改进安全生产工作。或者根据生产过程中经常出现的问题，向车间或厂提出改进和完善安全生产的意见、建议。

⑮ 认真履行班组管理职责，保持生产或作业现场整齐、清洁，实现文明生产、安全生产。

2. 内操岗位职责

① 上岗员工必须正确穿戴劳动保护用品，学会使用各类防护用品，并熟练掌握逃生技巧。

② 加强岗位制度培训，绝不能出现睡岗、串岗、工作中干与生产无关的事情等现象。

③ 密切关注各生产参数的波动及时分析波动原因,将可能存在的生产风险提前解决,并注意各辅助系统的参数变动,防止产生不良影响。

④ 熟练掌握本车间非正常生产运行下的应急预案,并在运行中按车间领导的指挥密切配合和操作,努力使生产平稳安全运行。

⑤ 坚决贯彻"三不伤害"原则,不违章作业,对本岗位的安全生产负责。

⑥ 发现管理人员违章指挥、强令员工冒险作业,或者生产过程中发现明显重大事故隐患和职业危害,有权提出解决的建议。

⑦ 负责本岗位生产运行设备和工艺管网的安全运行,有权对违章作业加以劝阻、制止和举报,发现危及员工生命安全的情况时,有权向公司、车间建议组织员工紧急撤离危险现场。

⑧ 熟练掌握本岗位所管辖设备操作,保证装置运行的安全性,保证巡检质量。

⑨ 熟悉本岗位工艺流程和设备的使用状况,负责本岗位场地卫生、设备和工艺的维修保养、巡检工作,定期检查动、静密封点,避免"跑、冒、滴、漏"现象的发生,杜绝泄漏点的产生。

⑩ 定期对本岗位安全消防、劳动防护救护设施设备维护保养。

⑪ 发生事故后,须立即采取应急处置措施防止事态扩大,并向班长汇报。

⑫ 积极参加各级组织开展的安全培训、应急演练。

3. 外操岗位职责

① 提前15min到岗签到,进行班前检查,参加班前会向班长汇报检查情况,接受班长的工作安排,做好岗位对口交接。下班时,接班人员签名后,方可离岗,并参加班后会。

② 严格执行岗位操作法、工艺卡片和各项技术规程,加强与班长、内操以及调度的联系,配合内操把各项工艺参数控制在最佳范围内,做好系统优化和节能降耗工作。

③ 杜绝一切违章作业和误操作。认真执行《巡回检查制》,做到装置现场24h巡检不断人,及时发现并处理各类事故隐患和设备缺陷,并立即通知内操,同时向班长汇报。负责落实故障设备、管道及机泵检修前的置换清洗交出工作,同时负责落实好相应的防范措施和运行设备的特护工作,确保装置安全生产。

④ 严格控制产品质量,努力提高产品内控指标合格率。做好清洁生产,确保外排废水合格率。

⑤ 根据生产情况,服从班长和内操的指挥进行生产操作。

⑥ 严格按规范化要求记录各种报表、交接班日志,对记录的正确性、可靠性负责,同时确保交接班日志内容详细、书写整洁。

⑦ 熟练掌握本岗位的操作法和事故处理,认真学习各类专业知识,积极参加各种形式的岗位练兵活动,不断提高操作技能。负责落实对学岗人员的技术指导和操作监护。

⑧ 严格执行操作规程,认真做好设备的维护保养工作,最大程度地减少设备故障和缺陷的发生。

⑨ 及时消除"跑、冒、滴、漏"现象,保持装置现场的整洁,做到文明生产。负责好当班操作室的卫生,认真做好现场规格化工作。

⑩ 积极参加各项技术培训,积极参加班组组织的安全学习,应急演练等活动。

【工匠风采】

李万君

李万君，中车长春轨道客车股份有限公司高级技师，中国"第一代高铁工人"的杰出代表，高铁战线的"大国工匠"，被誉为"工人院士"。李万君先后获得长春市特等劳模、吉林省高级专家、吉林好人、国务院政府特殊津贴、中华技能大奖、全国劳动模范、全国优秀共产党员、感动中国年度人物等荣誉。他曾连续当选党的十八大、十九大代表，是当代中国技能型、知识型产业工人的先进典型，是新时期高铁工人的典范。为了在外国对我国高铁技术的封锁面前实现"技术突围"，李万君凭着一股不服输的钻劲儿、韧劲儿，一次又一次地试验，取得了一批重要的核心试制数据，积极参与填补国内空白的几十种高速动车组、铁路客车、城铁客车转向架焊接规范及操作方法。他先后参与了我国高速动车组、铁路客车、城铁客车的转向架构架焊接工作，总结并制定了30多种转向架焊接规范及操作方法，完成技术攻关150多项，其中取得国家专利27项。他归纳总结的250km/h速度等级动车组转向架构架环口焊接"七步操作法"，通过了国内外专家的评审，列入公司技术标准。2015年，他参与了我国拥有完全自主知识产权的高速动车组"复兴号"的试制工作，完成了多项焊接技术的创新和攻关。2008—2010年，李万君承担了焊工培训工作，他编制的二氧化碳气体保护焊接培训法先后为公司培训了1万多人次的焊工，考取各种国际、国内焊工资质证书2000多项，为我国高速动车组生产提供了强有力的人才支撑。

所获荣誉：全国五一劳动奖章、中华技能大奖、国务院政府特殊津贴获得者、吉林省首席、吉林省高级专家、吉林省技能传承师、吉林省第十次党代会代表。

项目三　　苯乙烯半实物仿真工厂实训

【学习目标】

知识目标
1. 了解半实物仿真工厂的特点及安全要求。
2. 理解苯乙烯生产过程的反应原理、操作参数及工艺流程。
3. 熟悉苯乙烯半实物仿真工厂的流程组织及管线布局。
4. 熟悉苯乙烯半实物仿真工厂操作规程及要点。

能力目标
1. 能够熟练掌握苯乙烯半实物仿真工厂 DCS 系统及开停车操作。
2. 能够熟练掌握苯乙烯半实物仿真工厂 HSE 系统及事故处理操作。
3. 能够正确进行现场设备阀门等的实际操作。

素质目标
树立安全生产观念，强化岗位责任意识，养成良好的职业习惯。

苯乙烯联合装置由乙苯单元和苯乙烯单元两部分组成。联合装置年开工时间按 8000h 设计，除生产的苯乙烯产品外，还副产富丙烯干气、丙苯馏分、多乙苯残油、烃化尾气、甲苯和苯乙烯焦油等。其中，乙苯作为乙苯单元的产品，同时也为苯乙烯单元提供反应原料。本套装置以苯乙烯单元为主。

 任务一　　熟悉苯乙烯半实物装置概况

学习目标

了解半实物仿真工厂的特点及意义，掌握安全用电知识；熟悉各岗位电气开关、按钮的安装位置和操作方法；熟悉各工段所有设备的名称、位置、用途和使用条件；了解各自岗位主要设备的性能、材质、结构尺寸、规格和型号等。

> **学习重点**
>
> 半实物装置特性、装置安全规定。

> **学习难点**
>
> 设备布局。

一、半实物仿真工厂的意义

传统对于全流程工艺装置的实训一般采用真实工厂装置参观学习及建设小试、中试装置进行投料的实操实训方式。对于真实工厂装置，受训人员在工厂基本仅限于认知实习，对于走料的小试、中试也难以满足各类实操的需求。这些问题包括：①走料装置很难模拟复杂过程；②投料成本过高，不适合大量受训人员进行训练；③高温、高压对装置要求过高，容易造成危险；④耗能巨大，造成装置长期停滞；⑤装置大小限制正常工艺；⑥产品和副产物难以处理，且尾气、废水排放造成环境问题。

半实物仿真工厂可根据实训中心场地情况，装置参照真实工业现场的实际情况按一定比例缩小进行设计，设计在贴近工业实际的同时也较好地符合实训中心的实际情况。受训人员在设备装置上可进行正常的外操训练，完成在实物装置上的正常操作、冷态开车、正常停车和各种生产故障处理操作等培训，直观深刻地体验工厂生产的过程、原理及操作规程。

二、主要设备布局

本套装置一共有上下两层，布局图见图3-1和图3-2。

三、装置安全用电

苯乙烯半实物仿真工厂通过将真实生产装置按比例缩小建成小型半实物流程装置，再结合测控通信系统与全数字仿真技术，实现了全工况可操作、真实感强、一机多用、无需物料、没有产物和副产物、维修简单、节能、安全、环保、投资少、见效快等，是较为理想的实训系统。通过仿真实训工厂交互式操作，满足工艺操作、流程操作的训练要求，能够安全、长周期运行。其中，需要格外注意用电安全，关于用电安全"十不准"如下：

① 任何人不准擅动电气设备和开关；
② 非电工不准拆装、修理电气设备和用具；
③ 不准私接、乱接电气设备；
④ 不准使用绝缘损坏的电气设备；
⑤ 不准私用电热设备和灯泡取暖；
⑥ 不准擅自用水冲洗电气设备；
⑦ 熔丝熔断，不准调换容量不符的熔丝；
⑧ 不准擅自移动电气安全标志、围栏等安全措施；
⑨ 不准使用检修中机器的电气设备；
⑩ 不办手续，不准打桩、动土，以防损坏地下电缆。

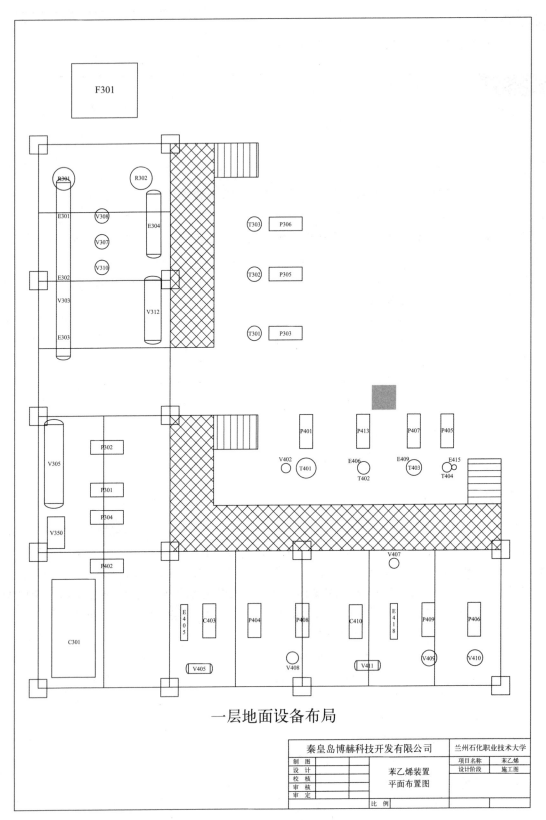

图 3-1　一层设备布局图

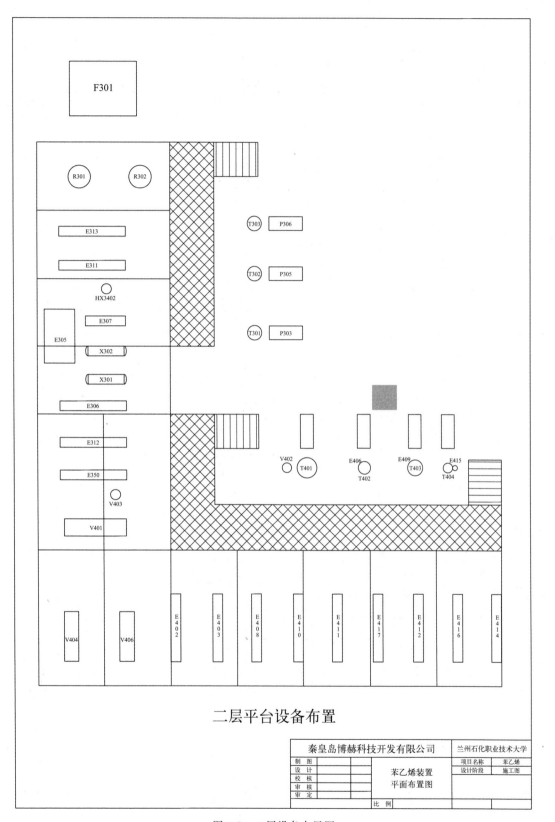

图 3-2 二层设备布局图

四、主要设备目录

本装置主要设备目录见表 3-1。

表 3-1　主要设备目录

序号	设备位号	设备名称	数量/台
1	T301	汽提塔	1
2	T302	吸收塔	1
3	T303	解吸塔（真）	1
4	T401	粗苯乙烯塔（真）	1
5	T402	乙苯回收塔	1
6	T403	精苯乙烯塔	1
7	T404	苯/甲苯分离塔	1
8	V303	汽包	1
9	V305	油水分离器	1
10	V307	压缩机吸入罐	1
11	V308	水封罐	1
12	V310	压缩机排出罐	1
13	X301	急冷器	1
14	X302	汽水混合器	1
15	V312	聚结器	1
16	V350	润滑油箱	1
17	HX3402	凝液分离罐	1
18	V401	粗塔回流槽	1
19	V402	粗塔凝水罐	1
20	V403	排水罐	1
21	V404	真空泵密封罐	1
22	V406	乙苯回收塔回流罐	1
23	V407	精塔凝水罐	1
24	V408	精塔回流罐	1
25	V409	闪蒸罐	1
26	V410	苯/甲苯塔回流罐	1
27	V405	真空泵缓冲罐	1
28	V411	精塔真空泵缓冲罐	1
29	E301	过热器	1
30	E302	低压废热锅炉	1
31	E303	低低压废热锅炉	1
32	E304	乙苯蒸发器	1
33	E305	主冷器	1

续表

序号	设备位号	设备名称	数量/台
34	E306	后冷器	1
35	E307	汽提塔冷凝器	1
36	E350	油箱换热器	1
37	E311	吸收剂冷却器	1
38	E312	吸收剂换热器	1
39	E313	吸收剂加热器	1
40	E401	粗塔再沸器	1
41	E402	粗塔冷凝器	1
42	E403	粗塔盐冷器	1
43	E406	乙苯回收塔再沸器	1
44	E408	乙苯回收塔冷凝器	1
45	E409	精塔再沸器	1
46	E410	精塔冷凝器	1
47	E411	精塔盐冷器	1
48	E412	成品过冷器	1
49	E414	焦油加热器	1
50	E415	苯/甲苯塔再沸器	1
51	E416	甲苯冷却器	1
52	E417	苯/甲苯塔冷凝器	1
53	E405	真空泵换热器	1
54	E418	精塔真空泵换热器	1
55	R301	第一反应器（真）	1
56	R302	第二反应器	1
57	F301	蒸汽过热炉	1
58	C301	尾气压缩机	1
59	P301	脱氢液泵	1
60	P302	冷凝液泵	1
61	P303	汽提塔釜液泵	1
62	P304	油箱油泵	1
63	P305	吸收塔釜液泵	1
64	P306	解吸塔釜液泵	1
65	P401	粗塔釜液泵	1
66	P402	粗塔回流泵	1
67	P413	乙苯回收塔釜液泵	1
68	C403	粗塔真空泵	1
69	P404	乙苯回收塔回流泵	1
70	P405	苯/甲苯塔釜液泵	1

序号	设备位号	设备名称	数量/台
71	P406	苯/甲苯塔回流泵	1
72	P407	精塔釜液泵	1
73	P408	精塔回流泵	1
74	P409	焦油泵	1
75	C410	精塔真空泵	1

任务二　熟悉乙苯脱氢生产苯乙烯生产工艺

学习目标

熟悉并理解主要物料和产品的性质；掌握乙苯脱氢生产苯乙烯的主要反应机理、反应特点及操作条件；熟悉仿真工厂详细工艺流程及现场设备管线布局等。

学习重点

苯乙烯生产原理、工艺流程。

学习难点

查找流程管线，摸清流程，梳理生产工艺。

苯乙烯，是一种典型的芳烃系有机物，又名乙烯基苯，是用苯取代乙烯的一个氢原子形成的有机化合物，分子式为 C_8H_8，含有一个苯环和一个乙烯基。系无色至黄色的油状液体，具有高折射性和特殊芳香气味。沸点为145℃，凝固点为－30.4℃，难溶于水，能溶于甲醇、乙酸及乙醚等溶剂。苯乙烯在高温下容易裂解和燃烧，生成苯、甲苯、甲烷、乙烷、碳、一氧化碳、二氧化碳和氢气等。苯乙烯蒸气与空气能形成爆炸混合物，其爆炸范围为1.1%～6.01%。毒性中等，空气中最大允许浓度100mg/kg。

苯乙烯具有乙烯基烯烃的性质，反应性能极强，如氧化、还原、氯化等反应均可进行，并能与卤化氢发生加成反应。苯乙烯暴露于空气中，易被氧化成醛、酮类。苯乙烯易自聚生成聚苯乙烯（PS）树脂，也易与其他含双键的不饱和化合物共聚。由于苯乙烯既具有苯环又具有双键，在有机化工生产过程中可以发生多种化学反应生产化合物，因此用途非常广。苯乙烯可以发生自聚反应生产聚苯乙烯树脂；与丁二烯、丙烯腈共聚，其共聚物可用以生产ABS工程塑料；与丙烯腈共聚可得到AS树脂；与丁二烯共聚可生成丁苯乳胶或合成丁苯橡胶。此外，苯乙烯还广泛用于制药、涂料、纺织等工业。

工业生产苯乙烯的方法除了传统的乙苯脱氢法之外，还出现了乙苯和丙烯共氧化联产苯乙烯和环氧丙烷工艺、乙苯气相脱氢工艺等新的工业生产路线，同时也正积极探索以甲苯和裂解汽油等为原料的新路线。迄今，工业上乙苯直接脱氢法生产的苯乙烯占世界总生产能力的90%，仍然是目前生产苯乙烯的主要方法，其次为乙苯和丙烯的共氧化法。

一、苯乙烯生产工艺原理

（一）苯乙烯单元

1. 乙苯脱氢反应机理

(1) **脱氢反应**　乙苯通过强吸热脱氢反应生成苯乙烯，反应式如下：

$$C_6H_5C_2H_5 \rightleftharpoons C_6H_5C_2H_3 + H_2$$

反应进行程度受化学平衡制约，气相状态下的平衡常数为：

$$K_P = \frac{P_{苯乙烯} \times P_{氢}}{P_{乙苯}} = \frac{PT \times Y_{苯乙烯} \times Y_{氢}}{Y_{乙苯}}$$

式中　P——表示分压，Pa；

　　　Y——表示摩尔分数；

　　　PT——表示总压，Pa。

对于气相吸热反应，反应平衡常数随温度上升而增加，温度与平衡常数的关系如下：

$$\ln K_P = A - \frac{B}{T}$$

式中　T——温度，K；

　　　K_P——平衡常数，Pa；

　　　A——15.685（根据 API 工程数据手册）；

　　　B——14990（根据 API 工程数据手册）。

所以，高温有利于乙苯向苯乙烯转化。

(2) **热反应**　乙苯能在高温没有催化剂条件下转化生成苯乙烯。在目前的催化工艺中，如果温度太高也会发生热反应。在乙苯生成苯乙烯的热反应中，主要的副产物是苯及其转化生成的复杂的高级芳烃混合物（例如蒽或芘）和焦炭。在600℃以下时，热反应的发生并不明显；在655℃以上时，热反应就成为影响总产率的重要因素。甚至在有蒸汽存在时（蒸汽能够吹走焦炭），在催化剂床层中，只要温度过高，这些热反应都将发生。

减弱热反应的方法之一是在乙苯进入催化剂床层之前，避免将乙苯加热至足够的反应温度（超过620℃），即将乙苯和部分用来抑制结焦的稀释蒸汽过热到低于580℃，然后在催化剂床层入口与大部分稀释蒸汽混合。主蒸汽被加热的温度必须保证过热乙苯和水蒸气混合物达到催化剂床层入口温度要求。

在二级反应系统中，二段床层入口处安装一台反应器出料再加热器有利于抑制热反应。再加热器安装在二段反应器顶部。在催化剂床层顶部，从一段出口到二段反应器之间的体积对热反应影响不大，因为温度正好低于580℃。

控制热反应最重要的一点就是催化剂床层的结构。径向外流式比轴流或径向内流式具有较低的入口容积，当气相进料通过催化剂床层时可获得理想的分布。这种形状也有利于减小压降，因为通过床层的流径大大缩小。仅考虑热反应而言，内部分布圆筒直径应尽可能小，但直径太小可能导致：沿分布器流动阻力增大，形成不均匀分布；物料蒸汽以一定速度通过催化剂床层，引起催化剂颗粒磨损，造成催化剂严重消耗。

对反应器设计的另一个要求是既要抑制热反应，又要保证合适的物料分布。如果沿圆筒方向速度保持恒定，则可获得较好的分布。因此圆筒并不是做成锥形，理论上讲，这种形状在垂直截面上呈抛物线形,但实际上该结构近似为锥体。这种插入式圆柱体可减少约50%的有效空间,也同样抑制了热反应。

(3) 副反应　乙苯/苯乙烯混合物还会发生某些不受平衡制约的一次反应,主要是脱烷基反应,反应式为:

$$C_6H_5C_2H_5 \rightleftharpoons C_6H_6 + C_2H_4$$
$$C_6H_5C_2H_5 + H_2 \rightleftharpoons C_6H_5CH_3 + CH_4$$

其他副反应生成少量的 α-甲基苯乙烯和高沸物。甲烷与乙烯又会继续与蒸汽发生反应,反应式如下:

$$CH_4 + H_2O \rightleftharpoons CO + 3H_2$$
$$CO + H_2O \rightleftharpoons CO_2 + H_2$$

在反应温度下水煤气变换反应接近平衡:

$$CO_2 + H_2 \rightleftharpoons CO + H_2O$$

乙苯在高温下部分碳化:

$$C_6H_5C_2H_5 \rightleftharpoons 8C + 5H_2$$
$$8C + 16H_2O \rightleftharpoons 8CO_2 + 16H_2$$

一般来说,甲烷与乙烯生成量要少于苯与甲苯,CO的含量(体积分数)大约占碳氧化物的10%。

在反应器中,反应达到平衡时苯乙烯生成反应立刻停止,而苯与甲苯的生成反应则继续进行,不受平衡制约。此外,由于苯乙烯生成反应部分受扩散控制,随着温度升高,苯和甲苯生成反应速率比苯乙烯生成反应速率增加更快(热反应亦如此)。在乙苯脱氢反应的同时,进料中的二甲苯也发生了转化。其中间、对二甲苯转化率约为10%,而邻二甲苯基本不变。

2. 影响脱氢反应的因素

(1) 反应温度　在其他反应条件不变时,脱氢速率正比于反应混合物组成距离平衡组成的远近。当反应混合物组成接近平衡组成,则反应很慢,并最终停止,而副反应则继续进行。适当调整反应参数可使平衡移动或改变平衡式中的相应组成。

因为脱氢反应是吸热反应,所以反应混合物的温度随反应进行而降低。反应速率一方面由于接近平衡状态而下降,另一方面温度下降亦导致反应速率下降,温度下降也会导致平衡常数降低。这样随着反应混合物在通过床层过程中冷下来,反应速率就受到抑制。在正常设计中,认为80%的温降发生在催化剂床层的第一个1/3处是比较合适的,基于这样的考虑,入口温度应很高。但高温使副反应和生成苯、甲苯的脱烷基反应速率的增长高于催化脱氢反应速率的增长。因此为了得到好的选择性,入口温度必须有一个上限。另外,高温会迫使设备材料的选取由普通的不锈钢变为较为昂贵的合金,增加生产成本。

(2) 催化剂用量　催化剂用量对于最优操作的影响也很重要。催化剂太少不利于反应充分进行;催化剂太多又会使乙苯在催化剂床层中停留时间过长,副反应产物增加。

(3) 反应压力　由于脱氢反应是产物体积增加的气相反应,故平衡常数受压力的影响。高压将使平衡向左移动,不利于脱氢反应;低压有利于乙苯脱氢,且不存在选择性降低的问题。

(4) 稀释蒸汽　稀释蒸汽可降低乙苯、苯乙烯、氢气的分压,其效果与降低总压一样。稀释蒸汽还有其他重要作用。第一,蒸汽为反应混合物提供热量。如果乙苯脱氢反应温降越小,那么在同一入口温度下乙苯转化程度就越高。第二,少量的水蒸气使催化剂处于氧化状态,从而保持高活性,水的用量随使用的催化剂而定。第三,水蒸气抑制了高沸物在催化剂表面的沉积成焦炭。如果这些焦炭在催化剂表面沉积过多,就会降低催化剂的活性。过多使用稀释蒸汽则会相应增加蒸汽产生系统的费用。

(5) 反应级数　根据以上分析,当温度、压力、稀释蒸汽在一定范围内,单级反应器的乙苯单程转化率限制在40%~50%。如果把反应出料再加热到一段入口温度左右,则反应混合物远离平衡,再加热的混合物将在二段催化剂床层中进一步转化为苯乙烯,直至达到新的平衡,乙苯的总转化率可达到60%~75%。这种再加热和增加级数的工艺经常被采用,但每增加一段,转化率增加并不明显,甚至还会带来选择性的下降,到目前为止,采用二段以上段数并不经济。

(6) 催化剂种类　商业上有许多种乙苯脱氢催化剂可被采用,一般来说,这些催化剂可分为两种类型:高活性低选择性或高选择性低活性,也有一两种适中的催化剂。在不影响催化剂活性的前提下,催化剂类型亦随最小稀释蒸汽量而异。

脱氢催化剂被水浸湿时会受到损害。因此,反应系统在装填催化剂之前必须经过干燥处理。装填期间,应避免催化剂被雨水淋湿。装填之后,应特别注意避免反应器内蒸汽冷凝。在开车、正常操作、停车时应防止液态水进入反应器。

3. 产品苯乙烯的自聚和阻聚机理

苯乙烯的自聚一般是在储存过程中发生的,它的基本反应为:苯乙烯自由基的生成、自由基的抑制和苯乙烯的氧化。

苯乙烯自由基的热激发生成机理为:首先生成苯乙烯的二聚物,然后二聚物与另一苯乙烯分子反应生成自由基。方程式如下:

$$2C_6H_5C_2H_3 \longrightarrow C_{10}H_{11}C_6H_5$$

$$C_{10}H_{11}C_6H_5 + C_6H_5C_2H_3 \longrightarrow C_{10}H_{11}C_6H_5 + C_6H_5C=CH_3 \text{(苯乙烯自由基 R')}$$

氧同样可以从二聚物中脱氢生成过氧化自由基:

$$C_{10}H_{11}C_6H_5 + O_2 \longrightarrow ROO'$$

50℃时,氧激发比热激发更为重要,自由基的存在和增长将导致苯乙烯高聚物的生成。TBC与O_2在苯乙烯阻聚中有着重要作用。当没有氧存在时,TBC与苯乙烯自由基的反应速率并不很快,同时由于苯乙烯的浓度远远高于TBC的浓度,TBC几乎不起阻聚作用。当有氧存在时,苯乙烯自由基与氧的反应速率非常快,能迅速转化成过氧化自由基,每个TBC分子能以很快的速度终止四个过氧化自由基。有实验数据表明,在TBC过量的情况下,如果苯乙烯中的氧含量低于10×10^{-6},即可观察到聚合物沉淀。苯乙烯中的氧也会导致苯甲醛等杂质的生成,因此苯乙烯中的氧含量一般应控制在$10 \sim 20 \times 10^{-6}$,苯乙烯液面以上的蒸汽空间中氧含量(体积分数)为5%~7%。

(二) 精馏单元

精馏单元是利用混合物中各组分挥发能力的差异,通过液相和气相的回流和气、液两相逆向多级接触,在热能驱动和相平衡关系的约束下,使得易挥发组分(轻组分)不断从液相往气相中转移,而难挥发组分由气相向液相中迁移,最终达到使混合物中的轻组分、重组分得以分离的目的。

该过程中,传热、传质过程同时进行,属于传质过程控制。原料从塔中部加料位置进塔,将塔分为两段,上段为精馏段,不含进料,下段含进料板为提馏段,冷凝器从塔顶提供液相回流,再沸器从塔底提供气相回流。气、液相在塔板上进行传质是精馏的重要特点。

在精馏段，气相在上升的过程中，气相中的轻组分不断得到精制，在气相中不断地增浓，在塔顶获得轻组分产品。

在提馏段，液相在下降的过程中，其轻组分不断地提馏出来，使重组分在液相中不断地被浓缩，在塔底获得重组分产品。

📁 **议一议：**
小组讨论分析，写出乙苯脱氢反应的特点。

📁 **查一查：**
查阅乙苯、苯乙烯的物性参数，写出其常压沸点的数值。

二、工艺流程

1. 脱氢反应工段

脱氢反应工段流程如图 3-3 所示。

来自 0.3MPa 蒸汽管网的蒸汽进入蒸汽过热炉（F-301）对流段预热后进入辐射段 A 室加热到 818℃，进入第二脱氢反应器（R-302）顶部的中间换热器，出来的蒸汽降温至 589℃，进入蒸汽过热炉（F-301）辐射段 B 室加热至 815℃后进入第一脱氢反应器（R-301）底部的混合器。

来自罐区的新鲜乙苯与来自苯乙烯分离部分的乙苯回收塔釜液泵的循环乙苯混合后，进入乙苯蒸发器（E-304）。

来自 0.3MPa 蒸汽管网的蒸汽分成两路：一路进乙苯蒸发器（E-304）的乙苯进料线，按照最低共沸组成控制流量进入乙苯蒸发器（E-304）；另一路作为乙苯蒸发器（E-304）的热源，蒸发温度为 96.2℃。从乙苯蒸发器（E-304）出来的乙苯/水蒸气混合物经过热器（E-301）换热到 500℃左右后进入第一脱氢反应器（R-301）底部的混合器处，同来自蒸汽过热炉（F-301）B 室的过热到 815℃的主蒸汽混合，进入第一脱氢反应器（R-301）催化剂床层，乙苯在负压绝热条件下发生脱氢反应。

第一脱氢反应器（R-301）进口温度为 615℃，压力为 0.061MPa，出料温度为 531℃。出料经第二脱氢反应器（R-302）顶部的中间换热器加热至 617℃后进入第二脱氢反应器（R-302）。第二脱氢反应器（R-302）的出料温度为 567℃，经过热器（E-301）、低压废热锅炉（E-302）和低低压废热锅炉（E-303）回收热量后降温至 120℃。低压废热锅炉（E-302）产生 0.3MPa 饱和蒸汽经汽包（V-303）送 0.3MPa 蒸汽管网，低低压废热锅炉（E-303）产生 0.04MPa 饱和蒸汽送 0.04MPa 蒸汽管网。

2. 脱氢液分离工段

脱氢液分离工段流程如图 3-4 所示。

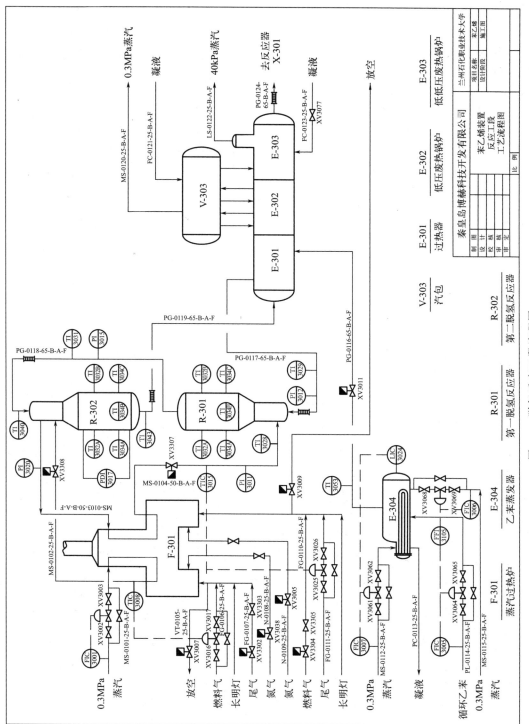

图 3-3 脱氢反应工段流程图

项目三 苯乙烯半实物仿真工厂实训 | 93

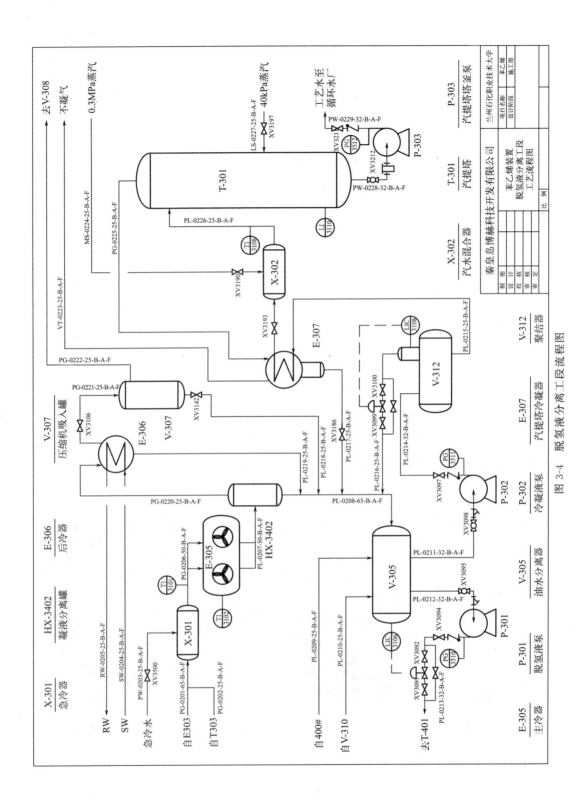

图 3-4 脱氢液分离工段流程图

由低低压废热锅炉（E-303）出来的脱氢产物压力为0.036MPa，与尾气压缩工段解吸塔（T-303）塔顶排出的气流汇合，进入急冷器（X-301），在此喷入温度为45℃左右的急冷水，同气流发生直接接触换热，使反应产物急骤冷却。脱氢产物从急冷器（X-301）流出后进入主冷器（E-305）的管程，被冷却到57℃（呈汽、液两相），并实现汽液分离，未冷凝的气体进入后冷器（E-306）的壳程，由后冷器（E-306）出来的脱氢尾气温度为38℃，进入压缩机吸入罐（V-307）。气相去水封罐（V-308）。主冷器（E-305）、后冷器（E-306）和压缩机吸入罐（V-307）冷凝下来的液体进入油水分离器（V-305）。

进入油水分离器（V-305）的液体温度为51℃，分层后上层油相为脱氢液，脱氢液溢流入油水分离器（V-305）的油相收集室，由脱氢液泵（P-301）送往苯乙烯分离部分的粗苯乙烯塔（T-401）。下层水相为含油工艺凝液，由冷凝液泵（P-302）输送，进入聚结器（V-312），进一步实现油水分离。所得油相工艺凝液由聚结器顶部溢出，返回油水分离器（V-305），所得水相工艺凝液由聚结器（V-312）底部排出，通过汽提塔冷凝器（E-307），经过汽水混合器（X-302），用0.3MPa蒸汽汽提后进入汽提塔（T-301）。汽提塔用0.04MPa蒸汽汽提，塔顶压力为0.042MPa，温度为77℃，塔顶蒸汽经汽提塔冷凝器（E-307）冷凝后回到油水分离器（V-305）。汽提塔釜的干净工艺凝液温度为82℃，由汽提塔釜液泵送至循环水厂。

3. 尾气压缩工段

尾气压缩工段流程如图3-5所示。

自压缩机吸入罐（V-307）来的脱氢尾气进入水封罐（V-308），罐顶设置有紧急火炬排放管线，罐内气体进入尾气压缩机（C-301）升压至0.063MPa后进入压缩机排气罐（V-310）切除水分，不凝气自罐顶排出，一部分与水封罐（V-308）顶的脱氢尾气混合重新进入尾气压缩机（C-301），另一部分进入解吸塔（T-302）。

不凝气进入解吸塔（T-302）下部，解吸塔（T-302）塔顶用来自吸收剂冷却器（E-311）的贫油洗涤，洗涤后的脱氢尾气作为蒸汽过热炉的燃料。解吸塔（T-302）釜液由吸收塔釜液泵（P-305）输送，经吸收剂换热器（E-312）换热及吸收剂加热器（E-313）加热后进入解吸塔（T-303）上部，在解吸塔（T-303）底部通入0.04MPa蒸汽。解吸塔釜液经过汽提解吸后变为贫油，由解吸塔釜液泵（P-306）输送，经吸收剂换热器（E-312）回收热量和吸收剂冷却器（E-311）冷却后进入解吸塔（T-302）上部。解吸塔塔顶气体去急冷器（X-301）。解吸塔（T-302）中洗涤脱氢尾气的吸收剂为来自乙苯单元的多乙苯残油，新鲜吸收剂残油由解吸塔釜液泵的出口补入，多余的废吸收剂也由解吸塔釜液泵的出口排到中间罐区的残油焦油罐。

4. 粗分离工段

粗分离工段流程如图3-6所示。

脱氢液泵送来的脱氢液与焦油泵送来的循环焦油及输送来的新鲜苯乙烯阻聚剂（DNBP）溶液混合后进入粗苯乙烯塔（T-401）中上部。粗苯乙烯塔（T-401）塔顶压力为0.012MPa，顶温控制在71℃。塔顶气相经粗塔冷凝器（E-402）冷凝，冷凝液进入粗塔回流罐（V-401），不凝气进入粗塔盐冷器（E-403），经水环真空泵机组冷凝后，由真空泵密封罐（V-404）底部进入乙苯回收塔（T-402）。水环真空泵机组由真空泵（C-403）、真空泵换热器（E-405）和真空泵缓冲罐（V-405）组成。

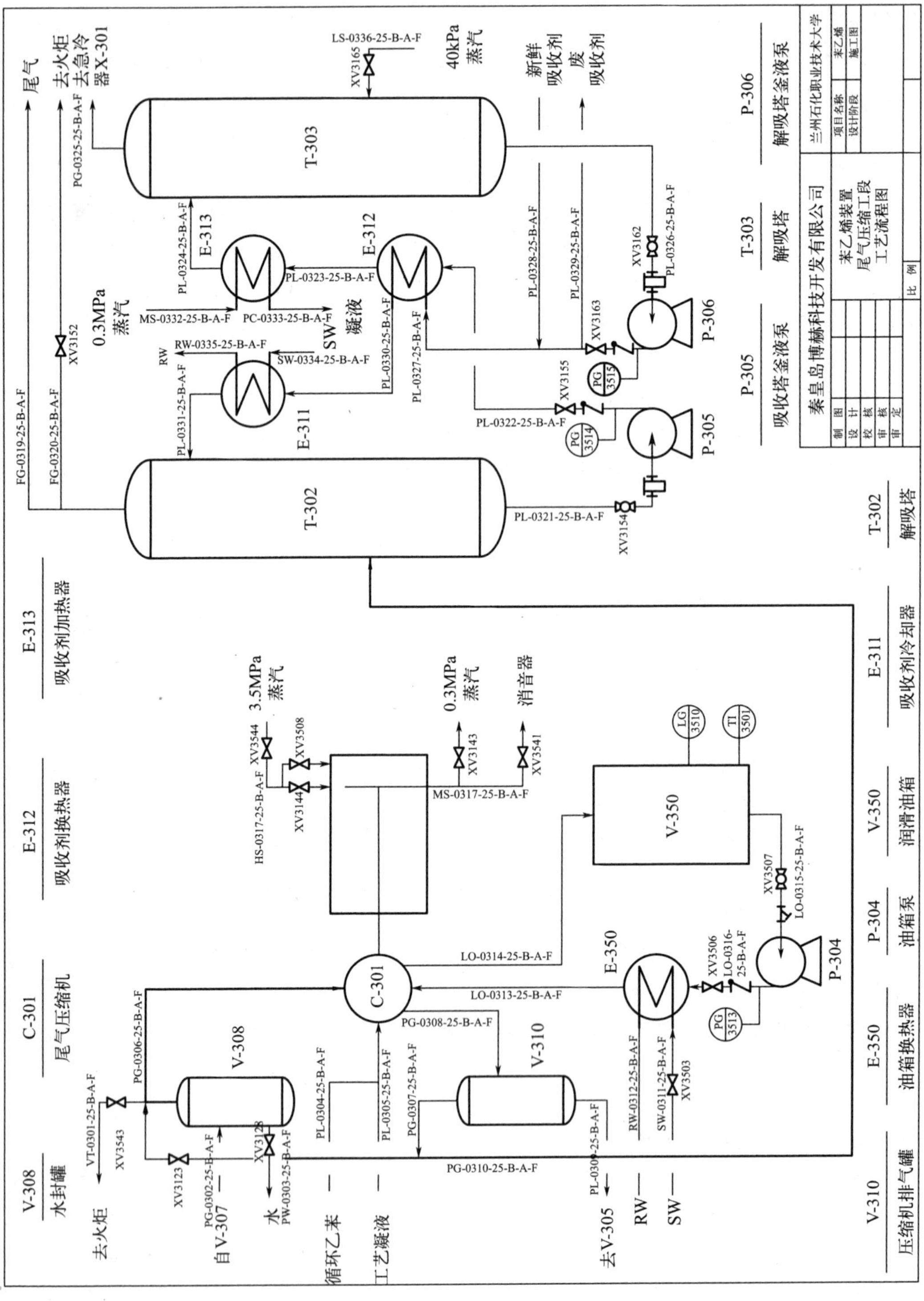

图 3-5 尾气压缩工段流程图

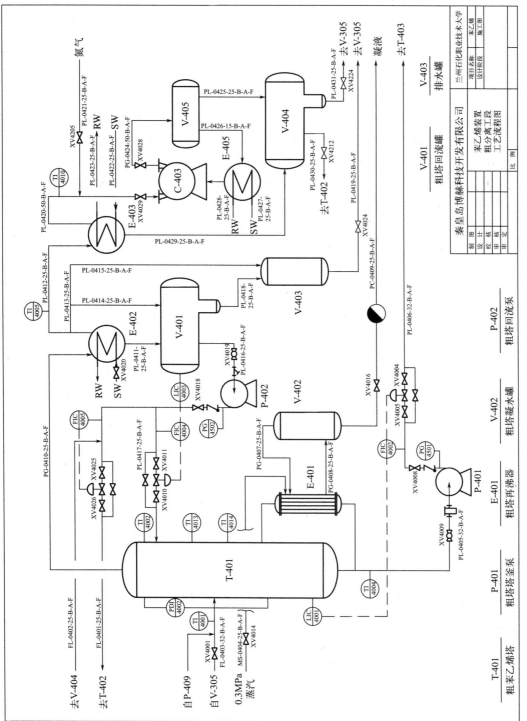

图 3-6 粗分离工段流程图

粗塔回流罐（V-401）中的液体经沉降分离，少量水在底层经排水罐（V-403）间歇排往油水分离器（V-305），油相经粗塔回流泵分两路输送，一部分回到粗苯乙烯塔（T-401）塔上部作为塔顶回流，另一部分送往乙苯回收塔（T-402）第32塔板。粗塔再沸器（E-401）用0.3MPa蒸汽为热源，釜温为96℃。釜液由粗塔釜液泵送往精苯乙烯塔（T-403）中部。

5. 乙苯回收工段

乙苯回收工段流程如图3-7所示。

乙苯回收塔（T-402）塔顶压力为0.056MPa，顶温为121℃。塔顶气体进入乙苯回收塔冷凝器（E-408）冷凝，冷凝下来的液体进入乙苯回收塔回流罐（V-406）沉降分离，不凝气至火炬系统进行焚烧。水相在下部间歇排往油水分离器（V-305），油相由乙苯回收塔回流泵分两路输送，一部分回到乙苯回收塔（T-402）上部作为塔顶回流，另一部分送往苯/甲苯回收塔（T-404）中部。乙苯回收塔再沸器（E-406），用1.0MPa蒸汽为热源，釜温为162℃，釜液为循环乙苯，由乙苯回收塔釜液泵（P-413）送往脱氢部分的（乙苯蒸发器（E-304）或罐区的乙苯罐）。

6. 苯乙烯精制工段

苯乙烯精制工段流程如图3-8所示。

精苯乙烯塔（T-403）顶压为0.012MPa，顶温控制在80℃。塔顶气体进入精塔冷凝器（E-410）冷凝，冷凝下来的液体进入精塔回流罐（V-408），不凝气经精塔真空组机组处理后进入真空泵密封罐（V-404）。精塔回流罐（V-408）中的液体由精塔回流泵分两路输送，一路回到精苯乙烯塔（T-403）上部作为塔顶回流；另一路作为苯乙烯产品，经成品过冷器（E-412）冷却到5℃后送至苯乙烯储罐。精塔再沸器（E-409）用0.3MPa蒸汽为热源，釜温为100℃，釜液由精塔塔釜泵（P-407）抽出后，经焦油加热器（E-414）加热后送往闪蒸罐（V-409）。闪蒸罐（V-409）的压力为0.020MPa，温度为145℃，罐顶的挥发性组分返回到精苯乙烯塔（T-403）下部，残液作为苯乙烯焦油经焦油泵（P-409）抽出，一部分作为循环DNBP进入粗苯乙烯塔（T-401），另一部分排往中间罐区残油/焦油储罐。

7. 苯/甲苯回收工段

苯/甲苯回收工段流程如图3-9所示。

苯/甲苯回收塔（T-404）顶压为0.13MPa，顶温为110℃。塔顶气体进入苯/甲苯回收塔冷凝器（E-417）冷凝，冷凝下来的液体进入苯/甲苯回收塔回流罐（V-410）沉降分离，不凝气至火炬系统进行焚烧。水相在底层间歇排往油水分离器（V-305），油相由苯/甲苯回收塔回流泵（P-406）分两路输送，一路回到苯/甲苯回收塔（T-404）塔顶作为顶部回流，另一路作为回收苯送往罐区的新鲜苯罐。苯/甲苯回收塔再沸器（E-415）用1.0MPa蒸汽为热源，釜温为147℃，釜液为甲苯，由苯/甲苯回收塔釜液泵（P-405）输送经甲苯冷凝器（E-416）冷凝后送至罐区甲苯罐。

📂 试一试：

(1) 将苯乙烯生产的所有工段的流程图绘制在一张1号图纸上。

(2) 描述苯乙烯的生产工艺流程。

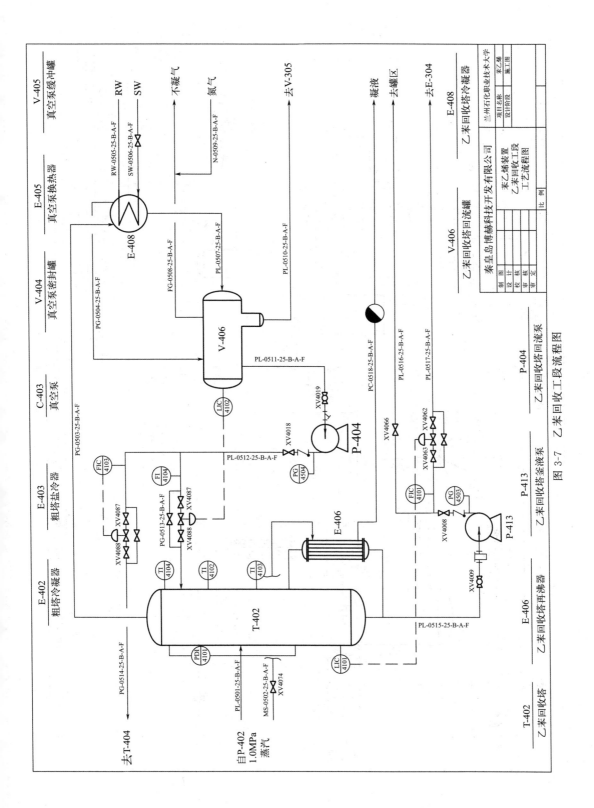

图 3-7 乙苯回收工段流程图

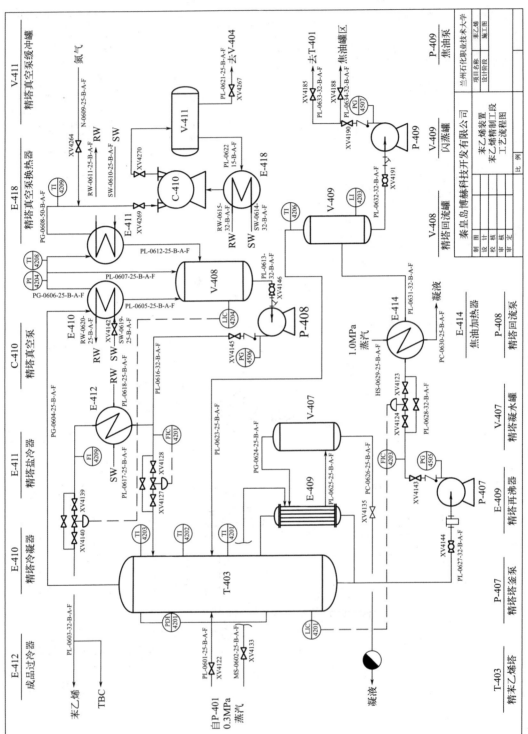

图 3-8 苯乙烯精制工段流程图

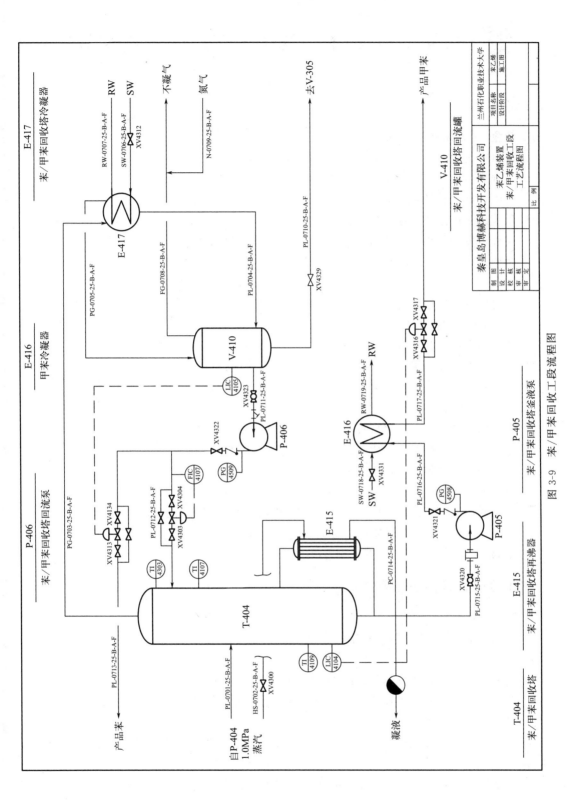

图 3-9 苯/甲苯回收工段流程图

任务三　苯乙烯半实物仿真工厂 DCS 开车操作

一、岗位职责

1. 装置 DCS 班长岗位规范及职责

① 班组安全操作第一人，对所管辖工段的安全运行负责。
② 带领班组人员认真贯彻执行安全规章制度，及时制止违章、违纪行为。
③ 组织班组人员学习事故通报。
④ 积极组织班组人员参加应急预案演练。
⑤ 对班组发生的异常、障碍及事故，迅速实施车间既定应急预案。
⑥ 对操作过程中出现的异常情况及时登记上报，组织分析原因，总结教训，落实改进措施。
⑦ 负责按时准确记录生产运行参数、设备使用情况。

2. 装置 DCS 内操岗位规范及职责

① 负责各岗位工艺参数的 DCS 监控和调节，保证各自岗位操作平稳。
② 按各自岗位操作指标要求操作，保证产品质量达到合格。
③ 按照各自岗位操作规程要求，正确处理各自岗位的各种异常情况。
④ 负责指导各自岗位 DCS 外操操作员的操作。
⑤ 负责填写各自岗位交接班日记、岗位操作记录。
⑥ 在班长缺席的情况下，代替班长主持工作。

3. 装置 DCS 外操岗位规范及职责

① 服从班长及 DCS 内操的安排、主要负责岗位的现场操作和巡检。
② 按照各自岗位操作规程要求，正确处理各自岗位的各种异常情况。
③ 负责各现场运行参数的查看，并做好记录。
④ 在 DCS 内操缺席的情况下，顶替内操工作。

二、DCS 仿真软件功能简介

1. 登录

双击桌面的苯乙烯半实物仿真工厂 DCS 图标。

2. 工具

① 点击工具栏中的"智能考评系统"，可显示装置操作信息。
② 点击工具菜单下的"时钟运算设置"键，可加快反应速率，减少不必要的等待时间。

3. 任务

① DCS 操作全部完成后，点击工具栏中"任务"菜单下的"提交考核"键，系统操作结束并显示操作评分。
② 当操作未完成，需要保存操作进度时，点击工具栏中"任务"菜单下的"进度存盘"键，在弹出的"另存为"窗口中记录文件名后点击"保存"。
③ 当需要从保存的进度开始操作时，点击工具栏中"任务"菜单下的"进度加载"键，

在弹出的"打开"窗口中找到保存进度的文件点击"打开"。

④ 点击工具栏中"任务"菜单下的"加载自动存盘"键，可以读取系统最近自动存储的数据，以防止断电等原因对操作造成的影响。

⑤ 当需要暂停操作进度时，点击工具栏中"任务"菜单下的"冻结系统"键，系统即被冻结，保持当前操作状态。当系统冻结后要继续进行操作时，点击工具栏中"任务"菜单下的"解冻系统"键，系统即被解冻，可以继续进行操作。

三、主要仪表指标

本装置主要工艺仪表位号及指标见表3-2。

表 3-2 主要仪表位号及指标

序号	仪表位号	测量位置	单位	标准值
1	LIC-3024	E-304 液位	%	50
2	LIC-3106	V-305 液位	%	80
3	LIC-3108	V-312 烃相液位	%	50
4	LIC-3716	V-316 液位	%	50
5	TIC-3008	F-301A 室出口温度控制	℃	815
6	TIC-3105	F-301B 室出口温度控制	℃	818
7	TI-3017	R-301 反应器床层温度	℃	534
8	TI-3018	R-301 反应器床层温度	℃	534
9	TI-3028	过热蒸汽至 R-301 温度	℃	815
10	TI-3029	EB/蒸汽至 R-301 温度	℃	500
11	TI-3031	R-301 出口温度	℃	531
12	TI-3032	R-302 床层温度	℃	567
13	TI-3033	R-302 床层温度	℃	567
14	TI-3034	R-302 床层温度	℃	567
15	TI-3040	内置换热器管程入口	℃	530
16	TI-3043	R-302 出口温度	℃	567
17	TI-3053	E-304 气相线上	℃	96.5
18	TI-3101	E-305 入口温度	℃	72
19	TI-3102	E-305 出口温度	℃	57
20	TI-3108	T-301 入口温度控制	℃	73
21	PI-3011	过热蒸汽至 R-301 入口	kPa	95
22	PI-3012	EB/蒸汽至 R-301 入口	kPa	75
23	PI-3015	R-301 出料管线上	kPa	61
24	PI-3018	R-302 出口压力	kPa	45

续表

序号	仪表位号	测量位置	单位	标准值
25	PI-3020	内置换热器壳程出口压力	MPa	0.10
26	FIC-3001	主蒸汽流量	t/h	14.77
27	FIC-3005	乙苯进料流量控制	t/h	16.57
28	FIC-3006	一次蒸汽进料流量控制	t/h	6.26
29	FIC-3007	间接蒸汽进料流量控制	kg/h	2600
30	LIC-4001	T-401 塔釜液位	%	50
31	LIC-4003	V-401 液位	%	50
32	LIC-4101	T-402 塔釜液位	%	50
33	LIC-4102	V-406 液位	%	50
34	LIC-4201	T-403 塔釜液位	%	50
35	LI-4203	V-409 液位	%	50
36	LIC-4204	V-408 液位	%	50
37	TI-4001	脱氢液进料温度	℃	55
38	TI-4002	T-401 塔顶温度	℃	71
39	TI-4004	T-401 塔釜采出温度	℃	96
40	TI-4005	E-402 气相出口温度	℃	45
41	TI-4010	E-403 至 C-403 气相	℃	9
42	TI-4013	T-401 二三层填料之间	℃	76
43	TI-4014	T-401 三四层填料之间	℃	79
44	TI-4102	T-402 中温	℃	129
45	TI-4103	T-402 塔釜温度	℃	162
46	TI-4104	T-402 塔顶温度	℃	120.5
47	TI-4201	T-403 二三层填料间温度	℃	85.8
48	TI-4202	T-403 一二层填料间温度	℃	83
49	TI-4203	T-403 塔顶温度	℃	80
50	TI-4206	V-409 气相出料温度	℃	146
51	TI-4208	E-410 不凝气至 E-411 温度	℃	44
52	TI-4209	C-410 入口温度	℃	9
53	FIC-4002	T-401 塔釜采出流量	t/h	10.67
54	FIC-4004	T-401 塔回流量	t/h	45.79
55	FIC-4005	T-401 塔塔顶采出流量	t/h	6.5
56	FIC-4101	循环乙苯至 E-304	kg/h	6016
57	FIC-4103	T-402 塔顶采出量	kg/h	242.8

续表

序号	仪表位号	测量位置	单位	标准值
58	FI-4104	T-402 塔回流量	kg/h	3000
59	FIC-4201	T-403 塔回流量	kg/h	18
60	FIC-4203	T-403 塔釜采出流量	m^3/h	1.1
61	FI-4209	T-403 塔顶采出流量	t/h	10

子任务一 300 工段开车操作

学习目标

熟悉苯乙烯半实物仿真工厂 300 工段设备管线布局及流程组织，熟悉各岗位职责及分工；熟悉 300 工段开车方案及操作规程，掌握各岗位温度、压力、流量、液位等测量仪表的原理；掌握各测量点的位置；掌握各工段工艺参数的控制原理，对仪表能投用、调节和切换；熟练掌握 DCS 操作，可规范进行冷态开车操作。

学习重点

300 工段开车操作。

学习难点

温度控制、质量控制。

一、岗位分工

请将人员分工情况填入表 3-3（附于本子任务末），并上交授课教师。

二、乙苯脱氢反应工段冷态开车操作规程

1. 冷凝系统进脱盐水

① 全开 E-303 进水阀门 XV-3077；

② 全开 X-301 工艺水进口阀门 XV-3500；

③ 全开 V-308 出水阀门 XV-3128；

④ 全开泵 P-302 进口阀门 XV-3098；

⑤ 自罐区将工艺水加入油水分离器后，启动泵 P-302；

⑥ 全开泵 P-302 出口阀门 XV-3097；

⑦ 全开汽提塔 T-301 进水阀 XV-3193；

⑧ 全开泵 P-303 进口阀门 XV-3212；

⑨ 当 T-301 塔液位达 20% 左右时，启动泵 P-303；

⑩ 全开泵 P-303 出口阀门 XV-3211；

⑪ 全开 E-350 冷凝水阀 XV-3503；

⑫ 全开泵 P-304 入口阀门 XV-3507；

⑬ 全开泵 P-304 出口阀门 XV-3506；

⑭ 启动泵 P-304。

2. 氮气循环升温

① 全开电磁阀 XV-3307；

② 全开电磁阀 XV-3308；

③ 全开主蒸汽阀组前阀 XV-3002；

④ 全开主蒸汽阀组后阀 XV-3003；

⑤ 打开主蒸汽阀组调节阀 FIC-3001，开度 50%；

⑥ 全开来自管廊燃料气阀组前阀 XV-3016；

⑦ 全开来自管廊燃料气阀组后阀 XV-3017；

⑧ 打开来自管廊燃料气阀组调节阀 TIC-3008，开度 50%；

⑨ F-301A 室点火；

⑩ 将 TIC-3008 投自动，设为 815℃；

⑪ 全开来自管廊燃料气电磁阀 XV-3304；

⑫ 全开来自管廊燃料气手阀 XV-3305；

⑬ F-301B 室点火；

⑭ 全开至 F-301B 尾气阀组前阀 XV-3025；

⑮ 全开至 F-301B 尾气阀组后阀 XV-3026；

⑯ 打开至 F-301B 尾气阀组调节阀 TIC-3105，开度 50%；

⑰ 将 TIC-3105 投自动，设为 818℃；

⑱ 全开至 F-301A 尾气电磁阀 XV-3302；

⑲ 全开至 F-301A 尾气手阀 XV-3303；

⑳ 全开 C-301 进口阀 XV-3509；

㉑ 全开 C-301 进口压力阀 XV-3123；

㉒ 打开 C-301 蒸汽出口阀门 XV-3143；

㉓ 打开 C-301 蒸汽出口消音器阀门 XV-3541；

㉔ 全开 C-301 蒸汽阀门 XV-3544；

㉕ 全开 C-301 蒸汽进口阀门 XV-3144；

㉖ 启动压缩机 C-301。

3. 乙苯投料

① 全开 V-312 至 V-305 阀组前阀 XV-3100；

② 全开 V-312 至 V-305 阀组后阀 XV-3099；

③ 打开 V-312 至 V-305 阀组调节阀 LIC-3108，开度 50%；

④ 全开 E-304 蒸汽加热阀组前阀 XV-3061；

⑤ 全开 E-304 蒸汽加热阀组后阀 XV-3062；

⑥ 打开 E-304 蒸汽加热阀组调节阀 FIC-3007，开度 50%；

⑦ 全开 E-304 与原料混合蒸汽阀组前阀 XV-3069；

⑧ 全开 E-304 与原料混合蒸汽阀组后阀 XV-3068；

⑨ 打开 E-304 与原料混合蒸汽阀组调节阀 FIC-3006，开度 50%；

⑩ 打开 E-304 出口阀 XV-3011；

⑪ 打开 E-306 气相出口阀门 XV-3106；

⑫ 打开 V-307 出口阀门 XV-3142；

⑬ 全开向 E-304 送新鲜乙苯阀组前阀 XV-3064；

⑭ 全开向 E-304 送新鲜乙苯阀组后阀 XV-3065；

⑮ 当 R-301 入口温度 TI-3028 达到 580℃时，打开流量调节阀 FIC-3005 开始乙苯投料；

⑯ 待 E-304 液位 LIC-3024 达到 50%左右时，投自动，设为 50%；

⑰ 将其与 E-304 间接加热蒸汽流量 FIC-3007 投串级；

⑱ 全开 V-305 油相出口阀组前阀 XV-3092；

⑲ 全开 V-305 油相出口阀组后阀 XV-3091；

⑳ 打开 V-305 油相出口阀组调节阀 LIC-3106，开度 50%；

㉑ 全开泵 P-301 进口阀门 XV-3095；

㉒ 当 V-305 油相液位 LIC-3106 大于 50%时，启动泵 P-301；

㉓ 全开泵 P-301 出口阀门 XV-3094，往罐区送脱氢液；

㉔ 启动空冷器 E-305。

4. 启动吸收解吸

① 全开泵 P-305 进口阀门 XV-3154；

② 全开泵 P-305 出口阀门 XV-3155；

③ 启动 P-305；

④ 全开泵 P-306 进口阀门 XV-3162；

⑤ 启动 P-306；

⑥ 全开泵 P-306 出口阀门 XV-3163；

⑦ 全开 T-303 进蒸汽阀 XV-3165。

5. 调节至平衡

① 全开 T-301 进口液相蒸汽阀 XV-3190；

② 全开 T-301 汽提蒸汽阀 XV-3197；

③ 全开 E-307 去 V-305 阀 XV-3186。

📁 想一想：

化工生产装置中，班长岗位的主要职责有哪些？

填写表 3-4 并整理上交。

表 3-3 人员分工表

工段（岗位）		班长	内操	外操	备注
300 工段	脱氢反应工段				
	脱氢液分离工段				
	尾气压缩工段				
400 工段	粗分离工段				
	乙苯回收工段				
	苯乙烯精制工段				
	苯甲苯回收工段				

表 3-4　苯乙烯半实物工厂 300 工段冷态开车记录

操作员：　　年　月　日

步骤序号	步骤描述	不得分项原因分析	最终得分	备注	签字

要求：及时记录操作起止时间，及时记录不得分项，并讨论分析其原因。

注：班长整体负责本工段的开车运行，装置现场主要由外操巡检并操作，控制室操作主要由内操 1 负责，操作记录由内操 2 负责填写。

子任务二　400 工段开车操作

学习目标

熟悉苯乙烯半实物仿真工厂 400 工段设备管线布局及流程组织；熟悉各岗位职责及分工；熟悉 400 工段开车方案及操作规程；掌握各岗位温度、压力、流量、液位等测量仪表的原理；掌握各测量点的位置；掌握各工段工艺参数的控制原理，对仪表能投用、调节和切换；熟练掌握 DCS 操作，规范进行冷态开车操作。

学习重点

400 工段开车操作。

学习难点

温度控制、质量控制。

一、岗位分工

请将 400 工段开车操作人员分工填入表 3-5（附于本子任务末），并上交授课教师。

二、苯乙烯精制单元冷态开车操作规程

1. 开车前准备

① 全开阀 XV-4205；

② 全开 V-404 至 T-402 阀 XV-4212；

③ 全开 V-404 出口阀 XV-4224；

④ 全开液环真空泵 C-403 进口阀门 XV-4029；

⑤ 全开液环真空泵 C-403 出口阀门 XV-4028；

⑥ 启动液环泵 C-403，开始系统抽负压；

⑦ 全开阀 XV-4264；

⑧ 全开 C-410 进口阀门 XV-4269；

⑨ 全开 C-410 出口阀门 XV-4270；

⑩ 启动 C-410。

2. 粗苯乙烯塔开车

① 全开再沸器 E-401 蒸汽进气阀 XV-4014；

② 全开 V-402 排出阀 XV-4016；

③ 全开脱氢液进料阀 XV-4001；

④ 全开 T-401 塔底出料阀组前阀 XV-4005；

⑤ 全开 T-401 塔底出料阀组后阀 XV-4004；

⑥ 打开 T-401 塔底出料阀组调节阀 FIC-4002，开度 50%；

⑦ 全开泵 P-401 进口阀门 XV-4009；

⑧ 启动泵 P-401；

⑨ 全开泵 P-401 出口阀门 XV-4008；
⑩ 全开回流阀组前阀 XV-4011；
⑪ 全开回流阀组后阀 XV-4010；
⑫ 打开回流阀组调节阀 FIC-4004，开度 50%；
⑬ 全开泵 P-402 进口阀门 XV-4019；
⑭ 全开泵 P-402 出口阀门 XV-4018；
⑮ 当 V-401 的液位 LIC-4003 超过 20%时，启动 P-402；
⑯ 全开 V-401 至 T-402 阀组前阀 XV-4025；
⑰ 全开 V-401 至 T-402 阀组后阀 XV-4026；
⑱ 打开 P-402 去 T-402 控制阀 FIC-4005，设为 50%；
⑲ 待 LIC-4003 液位接近 50%，将 LIC-4003 投自动，设为 50%；
⑳ 将 FIC-4004 投串级；
㉑ 待塔釜液位 LIC-4001 接近 50%时，投自动，设为 50%；
㉒ FIC-4002 投串级；
㉓ 全开 V-403 出口阀门 XV-4024；
㉔ 调节塔顶温度为 71℃。

3. 精苯乙烯塔开车

① 打开 E-410 冷却水进口阀门 XV-4142，设为 50%；
② 全开再沸器 E-409 蒸汽进口阀 XV-4133；
③ 全开 V-407 排水阀 XV-4135；
④ 全开 T-401 塔底到 T-403 的阀门 XV-4122；
⑤ 全开 T-403 塔底出口阀组前阀 XV-4124；
⑥ 全开 T-403 塔底出口阀组后阀 XV-4123；
⑦ 打开 T-403 塔底出口阀组调节阀 FIC-4203，开度 50%；
⑧ 全开泵 P-407 进口阀门 XV-4144；
⑨ 启动泵 P-407；
⑩ 全开泵 P-407 出口阀门 XV-4143；
⑪ 全开回流阀组前阀 XV-4128；
⑫ 全开回流阀组后阀 XV-4127；
⑬ 打开回流阀组调节阀 FIC-4201，开度 50%；
⑭ 全开泵 P-408 进口阀门 XV-4146；
⑮ 当回流罐有液位达 20%时，启动泵 P-408；
⑯ 全开泵 P-408 出口阀门 XV-4145；
⑰ 全开 E-412 出口阀组前阀 XV-4139；
⑱ 全开 E-412 出口阀组后阀 XV-4140；
⑲ 打开 E-412 出口阀组调节阀 LIC-4204，开度 50%；
⑳ 待 LIC-4204 液位接近 50%，将 LIC-4204 投自动，设为 50%；
㉑ 待 FIC-4201 为 18t/h 左右时，将 FIC-4201 投自动，设为 18t/h；
㉒ 全开泵 P-409 进口阀门 XV-4191；
㉓ 全开泵 P-409 出口阀门 XV-4190；

㉔ 全开泵 P-409 出口阀 XV-4188；

㉕ 当 LI-4203 液位超过 20% 时，启动泵 P-409；

㉖ 全开 DNBP 循环阀 XV-4185；

㉗ 调整塔顶温度为 80℃；

㉘ 维持塔底温度为 100℃。

4. 乙苯回收塔开车

① 打开 E-408 冷却水进口阀门 XV-4080，设为 50%；

② 全开再沸器 E-406 蒸汽阀 XV-4074；

③ 全开泵 P-413 进口阀门 XV-4069；

④ 全开泵 P-413 出口阀门 XV-4068；

⑤ 启动泵 P-413；

⑥ 全开回流阀组前阀 XV-4072；

⑦ 全开回流阀组后阀 XV-4071；

⑧ 打开回流阀组调节阀 LIC-4102，开度 50%；

⑨ 全开泵 P-404 进口阀门 XV-4078；

⑩ 全开泵 P-404 出口阀门 XV-4077；

⑪ 当 V-406 的液位 LIC-4102 超过 15% 时，启动回流泵 P-404；

⑫ 全开塔顶采出阀组前阀 XV-4087；

⑬ 全开塔顶采出阀组后阀 XV-4088；

⑭ 打开塔顶采出阀组调节阀 FIC-4103，开度 50%；

⑮ 待液位 LIC-4102 接近 50% 左右时，投自动，设为 50%；

⑯ 全开塔底产品去乙苯发生器 E-304 阀组前阀 XV-4062；

⑰ 全开塔底产品去乙苯发生器 E-304 阀组后阀 XV-4063；

⑱ 打开塔底产品去乙苯发生器 E-304 阀组调节阀 FIC-4101，设为 50%；

⑲ 调节塔顶温度为 121℃。

5. 苯/甲苯塔开车

① 打开 E-416 冷却水出口阀门 XV-4331；

② 打开 E-417 冷却水进口阀门 XV-4312；

③ 全开再沸器 E-415 蒸汽进口阀 XV-4300；

④ 全开回流阀组前阀 XV-4304；

⑤ 全开回流阀组后阀 XV-4303；

⑥ 打开回流阀组调节阀 FIC-4107，设为 50%；

⑦ 全开泵 P-406 进口阀门 XV-4323；

⑧ 全开泵 P-406 出口阀门 XV-4322；

⑨ 待 LIC-4105 液位超过 20% 左右时，启动泵 P-406；

⑩ 全开塔顶采出阀组前阀 XV-4314；

⑪ 全开塔顶采出阀组后阀 XV-4313；

⑫ 打开塔顶采出阀组调节阀 LIC-4105，设为 50%；

⑬ 全开塔底出口阀组前阀 XV-4316；

⑭ 全开塔底出口阀组后阀 XV-4317；

⑮ 打开塔底出口阀组调节阀 LIC-4104，开度 50%；
⑯ 全开泵 P-405 进口阀门 XV-4320；
⑰ 全开泵 P-405 出口阀门 XV-4321；
⑱ 当塔釜液位超过 20% 时，启动 P-405；
⑲ 待液位 LIC-4104 接近 50% 左右时，投自动，设为 50%；
⑳ 确保塔顶温度 TI-4103 为 110℃；
㉑ 调节塔底温度为 147℃。

填写表 3-6 并整理上交。

表 3-5　400 工段开车人员分工表

工段（岗位）		班长	内操	外操	备注
300 工段	脱氢反应工段				
	脱氢液分离工段				
	尾气压缩工段				
400 工段	粗分离工段				
	乙苯回收工段				
	苯乙烯精制工段				
	苯/甲苯回收工段				

表 3-6　苯乙烯半实物工厂 400 工段冷态开车记录

操作员：　　　　　　　　　　　　　　　　　　　　　　　　　　　　　　年　　月　　日

步骤序号	步骤描述	不得分项原因分析	最终得分	备注	签字

要求：及时记录操作起止时间，及时记录不得分项，并讨论分析其原因。

注：班长整体负责本工段的开车运行，装置现场主要由外操巡检并操作，控制室操作主要由内操 1 负责，操作记录由内操 2 负责填写。

任务四　苯乙烯半实物仿真工厂 DCS 系统停车操作

子任务一　300 工段停车操作

学习目标

熟悉苯乙烯半实物仿真工厂 300 工段设备管线布局及流程组织；熟悉各岗位职责及分工；熟悉 300 工段停车方案及操作规程；掌握各岗位温度、压力、流量、液位等测量仪表的原理；掌握各测量点的位置；掌握各工段工艺参数的控制原理，对仪表能投用、调节和切换，熟练掌握 DCS 操作，规范进行冷态开车操作。

学习重点

300 工段停车操作。

学习难点

温度控制、质量控制。

一、岗位分工

请将 300 工段停车岗位分工表填入表 3-7（附于本子任务末），并上交授课教师。

二、乙苯脱氢反应工段冷态开车操作规程

1. 停乙苯进料

① 关 FIC-3005，停止乙苯进料；
② 关闭乙苯进料前阀 XV-3064；
③ 关闭乙苯进料后阀 XV-3065。

2. 降主蒸汽流量

① 关闭压缩机 C-301；
② 关闭 C-301 蒸汽进口阀门 XV-3144；
③ 降低主蒸汽 FIC-3001 至约 8t/h；
④ 关闭 E-304 蒸汽进入调节阀 FIC-3006；
⑤ 关闭 E-304 间接蒸汽阀 FIC-3007；
⑥ 关闭 E-304 间接蒸汽阀组前阀 XV-3061；
⑦ 关闭 E-304 间接蒸汽阀组后阀 XV-3062；
⑧ 关闭 E-304 蒸汽进入阀组前阀 XV-3069；
⑨ 关闭 E-304 蒸汽进入阀组后阀 XV-3068。

3. 退净系统内物料

① 关闭泵 P-301 出口阀门 XV-3094；
② 停 P-301；
③ 关闭泵 P-301 出口调节阀 LIC-3106；
④ 关闭泵 P-301 进口阀门 XV-3095；
⑤ 关闭调节阀 LIC-3106 前阀 XV-3092；
⑥ 关闭调节阀 LIC-3106 后阀 XV-3091。

4. 炉子 F-301 灭火

① 关闭来自管廊燃料气电磁阀 XV-3304；
② 关闭来自管廊燃料气手阀 XV-3305；
③ 关闭 F-301 自管廊燃料气火嘴 TIC-3008；
④ 关闭蒸汽流量控制阀 FIC-3001；
⑤ 关闭电磁阀 XV-3308；
⑥ 关闭电磁阀 XV-3307；
⑦ 关闭 F-301 燃气 TIC-3008 阀组前阀 XV-3016；
⑧ 关闭 F-301 燃气 TIC-3008 阀组后阀 XV-3017；
⑨ 关闭 FIC-3001 前阀 XV-3002；
⑩ 关闭 FIC-3001 后阀 XV-3003；
⑪ 关闭至 F-301A 尾气电磁阀 XV-3302；
⑫ 关闭至 F-301A 尾气手阀 XV-3303；
⑬ 关闭尾气至 F-301 调节阀 TIC-3105；
⑭ 关闭 V-308 出口阀 XV-3123；
⑮ 关闭 F-301 燃气 TIC-3105 阀组前阀 XV-3025；
⑯ 关闭 F-301 燃气 TIC-3105 阀组后阀 XV-3026。

5. 停吸收解吸

① 关闭进入 T-303 蒸汽阀 XV-3165；
② 停泵 P-305；
③ 关 P-305 出口阀门 XV-3155；
④ 关闭泵 P-305 进口阀门 XV-3154；
⑤ 关闭泵 P-306 出口阀门 XV-3163；
⑥ 停泵 P-306；
⑦ 关闭泵 P-306 进口阀门 XV-3162。

6. 停冷凝工段

① 关闭 X-301 工艺水进口阀门 XV-3500；
② 关闭泵 P-302 出口阀门 XV-3097；
③ 停泵 P-302；
④ 关闭 P-302 进口阀门 XV-3098；
⑤ 关闭 V-312 至 V-305 阀组调节阀 LIC-3108；
⑥ 当 LI-3110 降到 2%，关闭泵 P-303 出口阀门 XV-3211；
⑦ 关闭泵 P-303；
⑧ 关闭泵 P-303 进口阀门 XV-3212；
⑨ 关闭 T-301 进入 0.04MPa 蒸汽阀 XV-3197；
⑩ 关闭阀 XV-3128；
⑪ 关闭 T-301 进口阀 XV-3193；
⑫ 关闭 T-301 进入 0.3MPa 阀 XV-3190；
⑬ 关闭 V-312 至 V-305 阀组调节阀 LIC-3108 前阀 XV-3100；
⑭ 关闭 V-312 至 V-305 阀组调节阀 LIC-3108 后阀 XV-3099；
⑮ 关闭 E-303 进水阀 XV-3077；
⑯ 关闭 E-307 集水管阀 XV-3186；
⑰ 关闭 E-306 至 V-307 阀门 XV-3106；
⑱ 关闭 V-307 出口阀门 XV-3142；
⑲ 关闭 C-301 蒸汽出口阀门 XV-3143；
⑳ 关闭 C-301 蒸汽出口消音器阀门 XV-3541；
㉑ 关闭 C-301 蒸汽阀门 XV-3544；
㉒ 关闭泵 P-304；
㉓ 关闭泵 P-304 出口阀门 XV-3506；
㉔ 关闭泵 P-304 入口阀门 XV-3507；
㉕ 关闭 E350 冷凝水阀 XV-3503；
㉖ 关闭 C-301 入口阀 XV-3509；
㉗ 关闭 E-304 出口阀 XV-3011；
㉘ 关闭空冷器 E-305。

填写表 3-8 并整理上交。

表 3-7　300 工段停车岗位分工表

工段（岗位）		班长	内操	外操	备注
300 工段	脱氢反应工段				
	脱氢液分离工段				
	尾气压缩工段				
400 工段	粗分离工段				
	乙苯回收工段				
	苯乙烯精制工段				
	苯/甲苯回收工段				

表 3-8 苯乙烯半实物工厂 300 工段停车记录

操作员：

步骤序号	步骤描述	不得分项原因分析	最终得分	备注	签字 年 月 日

要求：及时记录操作起止时间，及时记录不得分项，并讨论分析其原因。

注：班长整体负责本工段的停车运行，装置现场主要由外操巡检并操作，控制室操作主要由内操 1 负责，操作记录由内操 2 负责填写。

子任务二　400 工段停车操作

学习目标

熟悉苯乙烯半实物仿真工厂 400 工段设备管线布局及流程组织；熟悉各岗位职责及分工；熟悉 400 工段停车方案及操作规程；掌握各岗位温度、压力、流量、液位等测量仪表的原理；掌握各测量点的位置；掌握各工段工艺参数的控制原理，对仪表能投用、调节和切换，熟练掌握 DCS 操作，规范进行冷态开车操作。

学习重点

400 工段停车操作。

学习难点

温度控制、质量控制。

一、岗位分工

请将 400 工段停车岗位分工表填入表 3-9（附于本子任务末），并上交授课教师。

二、苯乙烯精制工段停车操作规程

1. 粗苯乙烯塔停车

① 关闭 P-402 去 T-402 控制阀 FIC-4005；
② 将 FIC-4004 设为手动，开度 100%；
③ V-401 液位达到 2% 左右时，停泵 P-402；
④ 关闭泵 P-402 进口阀门 XV-4019；
⑤ 关闭泵 P-402 出口阀门 XV-4018；
⑥ 关闭回流调节阀 FIC-4004；
⑦ 将 LIC-4001 设为手动，开度 100%；
⑧ 将 FIC-4002 设为手动，开度 100%；
⑨ 当塔釜液位降至 2% 左右时，关闭泵 P-401 出口阀门 XV-4008；
⑩ 停 P-401；
⑪ 关闭塔底采出调节阀 FIC-4002；
⑫ 停 C-403；
⑬ 关闭 0.3MPa 蒸汽阀 XV-4014；
⑭ 关闭进料阀 XV-4001；
⑮ 关闭至 T-402 阀组前阀 XV-4025；
⑯ 关闭至 T-402 阀组后阀 XV-4026；
⑰ 关闭回流阀组前阀 XV-4011；
⑱ 关闭回流阀组后阀 XV-4010；
⑲ 关闭塔底采出阀组后阀 XV-4004；
⑳ 关闭塔底采出阀组前阀 XV-4005；

㉑ 关闭 V-402 排水阀 XV-4016；

㉒ 关闭 V-403 出口阀门 XV-4024；

㉓ 关闭泵 P-401 进口阀门 XV-4009；

㉔ 关闭 C-403 进口阀门 XV-4029；

㉕ 关闭 C-403 出口阀门 XV-4028；

㉖ 关闭阀 XV-4205；

㉗ 关闭 V404 至 P-402 阀 XV-4212；

㉘ 关闭 V404 出口阀 XV-4224；

㉙ 关 P-401 去 T-403 的阀门 XV-4122。

2. 乙苯回收塔停车

① 关闭蒸汽阀 XV-4074；

② 全开 T-402 釜物料经 P-413 送往脱氢液罐阀门 XV-4061；

③ 将 LIC-4102 设为手动，开度 50%；

④ T-402 液位降至 2% 时，停泵 P-413；

⑤ 关闭泵 P-413 出口阀门 XV-4068；

⑥ 关闭泵 P-413 进口阀门 XV-4069；

⑦ V-406 罐液位降至 2% 时，停泵 P-404；

⑧ 关闭泵 P-404 出口阀门 XV-4077；

⑨ 关闭泵 P-404 进口阀门 XV-4078；

⑩ 关闭控制阀 FIC-4101；

⑪ 关闭回流调节阀 LIC-4102；

⑫ 关闭塔顶产品采出出口调节阀 FIC-4103；

⑬ 关闭回流阀组前阀 XV-4072；

⑭ 关闭回流阀组后阀 XV-4071；

⑮ 关闭塔顶采出阀组前阀 XV-4087；

⑯ 关闭塔顶采出阀组后阀 XV-4088；

⑰ 关闭循环乙苯至 E-304 阀组前阀 XV-4062；

⑱ 关闭循环乙苯至 E-304 阀组后阀 XV-4063；

⑲ 关闭 E-408 冷却水进口阀门 XV-4080；

⑳ 关闭塔底至脱氢液罐阀门 XV-4061。

3. 苯/甲苯塔停车

① 关闭再沸器蒸汽阀 XV-4300；

② 将 T-404 液位设为手动，开度 100%；

③ 将 LIC-4105 设为手动，开度 100%；

④ 当 T-404 液位降至 2% 时，停泵 P-405；

⑤ 关闭泵 P-405 出口阀门 XV-4321；

⑥ 关闭泵 P-405 进口阀门 XV-4320；

⑦ 关闭塔底产品出口调节阀 LIC-4104；

⑧ 当 V-410 液位降至 2% 时，停泵 P-406；

⑨ 关闭泵 P-406 出口阀门 XV-4322；

⑩ 关闭泵 P-406 进口阀门 XV-4323；
⑪ 关闭塔顶出口调节阀 LIC-4105；
⑫ 关闭回流调节阀 FIC-4107；
⑬ 关闭塔底产品出口阀组前阀 XV-4316；
⑭ 关闭塔底产品出口阀组后阀 XV-4317；
⑮ 关闭回流阀组前阀 XV-4304；
⑯ 关闭回流阀组后阀 XV-4303；
⑰ 关闭塔顶产品出口阀组前阀 XV-4314；
⑱ 关闭塔顶产品出口阀组后阀 XV-4313；
⑲ 关闭 E-416 冷却水进口阀门 XV-4331；
⑳ 关闭 E-417 冷却水出口阀门 XV-4312。

4. 精苯乙烯塔停车

① 关闭再沸器蒸汽阀 XV-4133；
② 关闭 DNBP 循环阀 XV-4185；
③ 将 LIC-4204 设为手动，开度 100%；
④ 当 V-408 液位降至 2% 时，关闭泵 P-408 出口阀门 XV-4145；
⑤ 停 P-408；
⑥ 关闭回流调节阀 FIC-4201；
⑦ 关闭塔顶采出调节阀 LIC-4204；
⑧ 当 T-403 釜液位降至 2% 时，关闭泵 P-407 出口阀门 XV-4143；
⑨ 停 P-407；
⑩ 关闭调节阀 FIC-4203；
⑪ 当 V-409 液位降至 2% 时，关闭泵 P-409 出口阀门 XV-4190；
⑫ 停泵 P-409；
⑬ 关闭 XV-4135；
⑭ 停 C-410；
⑮ 全开 V-411 出口阀门 XV-4267；
⑯ V-411 无液位时，关闭 V-411 出口阀门 XV-4267；
⑰ 关闭 C-410 进口阀门 XV-4269；
⑱ 关闭 C-410 出口阀门 XV-4270；
⑲ 关闭回流阀组前阀 XV-4128；
⑳ 关闭回流阀组后阀 XV-4127；
㉑ 关闭塔顶采出阀组前阀 XV-4139；
㉒ 关闭塔顶采出阀组后阀 XV-4140；
㉓ 关闭塔底采出阀组前阀 XV-4124；
㉔ 关闭塔底采出阀组后阀 XV-4123；
㉕ 关闭 V-409 至焦油罐阀组前阀 XV-4188；
㉖ 关闭阀 XV-4264；
㉗ 关闭泵 P-407 进口阀门 XV-4144；
㉘ 关闭泵 P-408 进口阀门 XV-4146；

㉙ 关闭泵 P-409 进口阀门 XV-4191；

㉚ 关闭 E-410 冷却水进口阀门 XV-4142。

填写表 3-10 并整理上交。

表 3-9 400 工段停车岗位分工表

工段（岗位）		班长	内操	外操	备注
300 工段	脱氢反应工段				
	脱氢液分离工段				
	尾气压缩工段				
400 工段	粗分离工段				
	乙苯回收工段				
	苯乙烯精制工段				
	苯/甲苯回收工段				

表 3-10 苯乙烯半实物工厂 400 工段停车记录

操作员：　　　　　　　　　　　　　　　　　　　　　　　　　　　年　月　日

步骤序号	步骤描述	不得分项原因分析	最终得分	备注	签字

要求：及时记录操作起止时间，及时记录不得分项，并讨论分析其原因。

注：班长整体负责本工段的停车运行，装置现场主要由外操巡检并操作，控制室操作主要由内操 1 负责，操作记录由内操 2 负责填写。

任务五　苯乙烯半实物仿真工厂 HSE 系统操作训练

学习目标

熟悉苯乙烯半实物仿真工厂 HSE 操作系统，能够根据现场及 HSE 系统操作界面异常现象提示，及时准确地判断事故，并能够规范地进行事故的应急处理操作。

学习重点

事故判断，事故处理。

学习难点

事故判断。

一、HSE 操作系统

1. HSE 仿真软件功能介绍

CJY_DCS 服务器电脑中有＜DCS 系统＞和＜苯乙烯 HSE 系统＞两个软件，这两个软件不能同时运行，也不能交叉运行。

WinCC 服务器电脑中有＜CJYDCS＞和＜CJYT＞两个软件，这两个软件不能同时运行，也不能交叉运行，否则数据有误。

① 在进行项目操作之前，必须先将控制柜内的空开上电，上电 5min 后，再打开 CJY_DCS 电脑和 WinCC 服务器电脑，这两台电脑必须全部打开运行，否则数据有误。

② WinCC 服务器电脑中的 HSE 教师站，须与＜CJY_DCS＞软件中的"事故"选项同时运行，与 HSE 学生站配合，来完成项目的 HSE 事故的演示及操作。

③ 在进行 HSE 操作时，须提前给烟雾机加热 10min（冬季更长）。等待 10min 后，才能进行有关烟雾机的操作。

④ 在停止 CJY 项目操作后，须关闭配电柜内各空开的电源，以免出现意外事故。

⑤ 在打开 HSE 的教师站的画面后，须先点击［复位］按钮，否则画面上的"考核倒计时"的时间为 0min。该时间可以在画面的＜＜得分表选项＞＞里设置，按［复位］后执行。

2. HSE 仿真软件注意事项

① 在进行项目的 HSE 操作时，需先将＜＜得分表选项＞＞里初始化状态表中的开关阀等进行初始化。

② 在进行项目的 HSE 操作时，必须按先后顺序操作，否则不得分或无法进行下一步操作。

③ 在进行项目的 HSE 操作时，如果判断事故现象错误时，将自动进入［考核结束］。然后进入老师给分操作，最后到［评分结束］，得出总分。

④ 在结束项目的 HSE 操作时，必须先退出学生站 HSE，再退出教师站的 HSE。结束项目的所有操作时，须先关闭学生站或客户机，再关闭 DCS 服务器电脑、WinCC 服务器电脑，最后关闭配电柜的仪表电源。

3. HSE 仿真软件使用说明

① 打开 WinCC 服务器电脑中的 HSE 教师站部分，再打开学生站中的 HSE 部分。进入 HSE 教师站的＜事故选择＞画面，进行 HSE 的＜复位＞操作。见图 3-10。

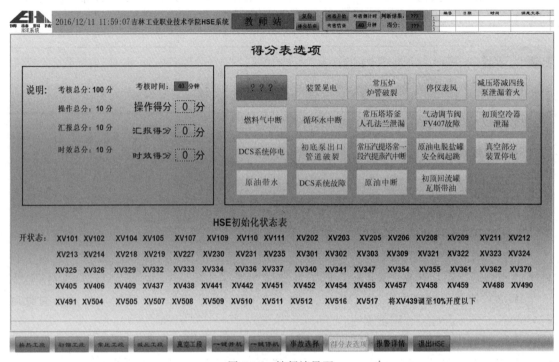

图 3-10　教师站界面

② 等待 10min 后，待烟雾机预热后就可以进行 HSE 操作。

③ 先点击教师站的［复位］按钮，通知学生站的内外操进行 HSE 的状态初始化操作等。

④ HSE 的初始化状态操作完成后，老师点击［考核开始］，这时教师站和学生站画面上的"考核开始"字体开始闪烁，考核开始倒计时，直至考核结束。

⑤ 这时，学生站的内外操开始进行各项的准备工作，如劳动保护用品的穿戴等。

⑥ 内外操的各项准备工作完成后，由学生站的内操点击［确认备妥］，再点击［一键开机］。此时，教师站上的备妥信号灯闪烁，老师进行故障选择并确认发送，见图 3-11。

⑦ 教师站老师发送完故障后，教师站和学生站的事故信号灯开始闪烁。这时，学生站的内操进行事故接收和判断操作。内外操可根据上位机画面上的各个信号和报警信息等进行准确判断，否则，直接进入考核结束，并在判断结果中显示"错误"，见图 3-12。

⑧ 事故判断正确后，即可进入操作得分项。可在［得分表选项］中看到操作步骤，进行得分操作。

⑨ 进入操作得分步骤后，必须按照先后顺序操作，否则不得分。操作得分进行到最后

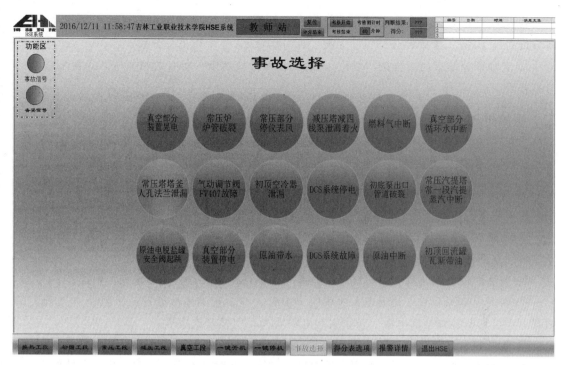

图 3-11 事故选择界面

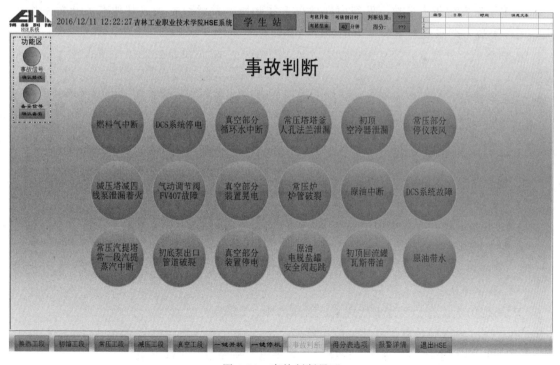

图 3-12 事故判断界面

一项并正确得分后,自动进入考核结束。这时[考核结束]字体闪烁。直至老师按下[评分结束]按钮。

⑩ 学生操作结束后,可按[考核结束]按钮,结束考核。

⑪ 考核结束后，老师评判得分，操作得分最高分 10 分，汇报得分最高分 10 分，时效得分最高分 10 分。老师评分结束后，按［评分结束］，学生得出总分数。

⑫ 老师评分结束后，再按［复位］，此次故障考核结束，所有数据复位，等待下一次的考核开始。

二、事故处理

（一）事故处理原则

① 各岗位及班组人员要及时发现初期事故，尽快将事故消灭在萌芽时期，并及时向车间及厂生产运行处调度中心汇报，如有必要须进行降温降量处理。

② 如果事故扩大，班组控制不住，应请求消防队调来消防车掩护，同时事故设备能停止进料的立即停止进料。

③ 当油烟较大时，可佩戴空气呼吸器进入现场进行救火，防止发生人员中毒。

④ 如遇危险源泄漏，并出现大面积的火灾时，在不影响事故处理或已经基本处理完的情况下，可切断装置全部电源，防止引起电路着火，引发其他事故。

⑤ 通过紧急疏散通道疏散无关人员。

⑥ 在装置失控的情况下，按照人员的撤退路线，及时撤到安全地带，防止人员伤亡。

⑦ 装置发生下列情况按紧急停工方案处理：

a. 本装置发生重大事故，经努力处理仍不能消除，并继续扩大或其他有关装置发生火灾、爆炸事故，严重威胁本装置安全运行，应紧急停工。

b. 加热炉炉管烧穿，塔严重漏油着火或其他冷换、机泵设备发生爆炸或火灾事故，应紧急停工。

c. 主要机泵、泵、塔底泵发生故障，无法修复，备用泵又不能启动，可紧急停工。

d. 长时间停原料、停电、停汽、停水不能恢复，可紧急停工。

（二）常见事故处理

1. 装置晃电

（1）事故现象

① DCS 画面停泵、停压缩机报警（由绿色变为红色）；

② 脱氢液泵 P-301 停，冷凝液泵 P-302 停，汽提塔釜液泵 P-303 停，吸收塔釜液泵 P-305 停，解吸塔釜液泵 P-306 停，油箱泵 P-304 停，尾气压缩机 C-301 停。

（2）事故确认

［P］—现场确认有②所述事故现象，通知内操；

［I］—DCS 界面确认有①所述事故现象；

［I］—在 HSE 事故确认界面，选择"装置晃电"按钮进行事故汇报。

（3）事故处理

［P］—关脱氢液泵 P-301 出口阀 XV3094；

［P］—启动脱氢液泵 P-301；

［P］—开脱氢液泵 P-301 出口阀 XV3094；

［P］—汇报主操"脱氢液泵 P-301 泵已开启，运行正常"；

［P］—关冷凝液泵 P-302 出口阀 XV3097；

［P］—启动冷凝液泵 P-302；

［P］—开冷凝液泵 P-302 出口阀 XV3097；

［P］—汇报主操"冷凝液泵 P-302 泵已开启，运行正常"；

［P］—关汽提塔釜液泵 P-301 出口阀 XV3211；

［P］—启动汽提塔釜液泵 P-301；

［P］—开汽提塔釜液泵 P-301 出口阀 XV3211；

［P］—汇报主操"汽提塔釜液泵 P-301 泵已开启，运行正常"；

［P］—启动吸收塔釜液泵泵 P-305；

［P］—汇报主操"吸收塔釜液泵 P-305 泵已开启，运行正常"；

［P］—关解吸塔釜液泵 P-306 出口阀 XV3163；

［P］—启动解吸塔釜液泵 P-306；

［P］—开解吸塔釜液泵 P-306 出口阀 XV3163；

［P］—汇报主操"解吸塔釜液泵 P-306 泵已开启，运行正常"；

［P］—启动油箱泵 P-304；

［P］—汇报主操"油箱泵 P-304 泵已开启，运行正常"；

［P］—启动油箱泵 P-304；

［P］—汇报主操"油箱泵 P-304 泵已开启，运行正常"。

2. 停仪表风

（1）事故现象

① 乙苯蒸发器 E-304 物料入口流量 FIC3005 为 0，乙苯蒸发器蒸汽入口流量 FIC3006 为 0，蒸汽加热炉 F-301 蒸气入口流量 FIC3001 为 0。

② 各电动调节阀处于关闭锁定状态；

③ 蒸汽加热炉 F-301 停炉（炉膛火焰熄灭）。

（2）事故确认

［P］—现场有③事故现象；

［I］—DCS 界面确认有①②报警；

［I］—在 HSE 事故确认界面，选择"停仪表风"按钮进行事故汇报。

（3）事故处理

［P］—现场关闭蒸汽加热炉 F-301A 室燃料气前后手阀 XV3016、XV3017；

［P］—现场关闭蒸汽加热炉 F-301A 室尾气手阀 XV3303；

［P］—现场关闭蒸汽加热炉 F-301B 室燃料气手阀 XV3305；

［P］—现场关闭蒸汽加热炉 F-301B 室尾气前后手阀 XV3025、XV3026；

［P］—现场关闭蒸汽加热炉 F-301 蒸汽前后手阀 XV3002、XV3003；

［P］—现场关闭乙苯蒸发器 E-304 管程蒸汽前后手阀 XV3061、XV3062；

［P］—现场关闭乙苯蒸发器 E-304 循环乙苯前后手阀 XV3064、XV3065；

［P］—现场关闭乙苯蒸发器 E-304 蒸汽前后手阀 XV3068、XV3069；

［P］—汇报主操"乙苯蒸发器原料线已断开"；

[P]—关闭脱氢液泵 P-301 出口阀门 XV3094；

[P]—关脱氢液泵 P-301；

[P]—汇报主操"脱氢液泵 P-301 已停止"；

[P]—关冷凝液泵 P-302 出口阀门 XV3097；

[P]—关冷凝液泵 P-302；

[P]—汇报主操"冷凝液泵 P-302 已停止"。

3. 解吸塔釜液泵 P306 泄漏着火

(1) 事故现象

① 解吸塔釜泵 P306 处有火焰升起，现场伴随有浓烟，同时有火焰声音。

② 可燃气体报警器报警。

(2) 事故确认

[P]—现场确认有上述①事故现象，通知内操；

[I]—DCS 界面确认有②报警；

[I]—在苯乙烯 HSE 事故确认界面，选择"解吸塔釜液泵 P306 泄漏着火"按钮进行事故汇报。

(3) 事故处理

[P]—停解吸塔釜液泵 P306；

[P]—关闭解吸塔釜液泵 P306 出口阀门 XV3163；

[P]—关闭解吸塔釜液泵 P306 进口阀门 XV3162；

[P]—汇报主操"解吸塔釜液泵 P306 已停止"；

[P]—停吸收塔釜液泵 P305；

[P]—关闭吸收塔釜液泵出口阀塔底阀 XV3155；

[P]—关闭吸收塔釜液泵进口阀门 XV3154；

[P]—汇报主操"吸收塔釜液泵 P305 已停止"；

[P]—打开吸收塔塔顶火炬阀门 XV3152；

[P]—汇报主操"吸收塔塔顶火炬阀门 XV3152 已开启"；

[P]—打开消防蒸汽软管站蒸汽阀 XV502 用消防蒸汽带灭火；

[P]—汇报主操"解吸塔釜液泵已关闭并隔离，明火已被扑灭"（此时事故现象①②停止）。

4. 尾气压缩机冷却油停

(1) 事故现象

① 油箱泵 P304 出口压力 PG3513 高限报警（报警值 1.0MPa，正常值 0.6MPa）；

② 油箱 V350 液位 LG3510 出现超高限情况（高限值 70%，正常值 50%）。

(2) 事故确认

[P]—现场确认有上述②事故现象，通知内操；

[I]—DCS 界面确认有①报警信号；

[I]—在苯乙烯 HSE 事故确认界面，选择"尾气压缩机冷却油停"按钮进行事故汇报。

(3) 事故处理

[I]—关闭尾气压缩机 C301 进料电磁阀 XV3509；

[P]—打开水封罐顶去火炬阀门 XV3543；

[P]—汇报主操"水封罐罐顶去火炬阀门 XV3543 已开启"；

[P]—关闭蒸汽切断阀 XV3544，并关闭主管线阀门 XV3144；

[P]—停尾气压缩机 C301；

[P]—汇报主操"尾气压缩机 C301 已停止"；

[P]—停油箱泵 P304；

[P]—关闭油箱泵 P304 出口阀门 XV3506；

[P]—关闭油箱泵 P304 进口阀门 XV3507；

[P]—汇报主操"油箱泵 P304 已停止"（此时事故现象①停止）。

5. DCS 系统停电

(1) 事故现象

① DCS 界面黑屏；

② 各电动调节阀处于自主关闭状态。

(2) 事故确认

[P]—现场确认有②事故现象，通知内操；

[I]—确认 DCS 界面黑屏；

[I]—在苯乙烯 HSE 事故确认界面，选择"DCS 系统停电"按钮进行事故汇报。

(3) 事故处理

[P]—关蒸汽加热炉 F-301A 室燃料气调节阀前后手 XV3016 和 XV3017；

[P]—现场关闭蒸汽加热炉 F-301A 室尾气手阀 XV3303；

[P]—现场关闭蒸汽加热炉 F-301B 室燃料气手阀 XV3305；

[P]—现场关闭蒸汽加热炉 F-301B 室尾气前后手阀 XV3025、XV3026；

[P]—现场确认加热炉停（炉内火焰熄灭），并汇报主操"蒸汽加热炉已停止"；

[P]—现场关闭乙苯蒸发器 E-304 管程蒸汽前后手阀 XV3061、XV3062；

[P]—现场关闭乙苯蒸发器 E-304 循环乙苯前后手阀 XV3064、XV3065；

[P]—现场关闭乙苯蒸发器 E-304 蒸汽前后手阀 XV3068、XV3069；

[P]—汇报主操"乙苯蒸发器原料线已断开"；

[P]—打开水封罐顶去火炬阀门 XV3543；

[P]—汇报主操"水封罐罐顶去火炬阀门 XV3543 已开启"；

[P]—关闭蒸汽切断阀 XV3544，并关闭主管线阀门 XV3144；

[P]—停尾气压缩机 C301；

[P]—汇报主操"尾气压缩机 C301 已停止"；

[I]—汇报调度室"DCS 系统停电，已将蒸汽加热炉及尾气压缩机进行紧急停车处理，请检查 DCS 系统停电原因，并尽快恢复供电"。

6. 燃料气中断

(1) 事故现象

① 蒸汽加热炉炉膛温度 TIC3008 低温报警（报警值 600℃，正常值 818℃）；

② 蒸汽加热炉 B 室出口温度 TI3028 低温报警（报警值 550℃，正常值 817℃）；

④ 蒸汽加热炉熄火。

(2) 事故确认

[P]—现场确认有④事故现象,通知内操;

[I]—DCS界面确认有①②③报警信号;

[I]—在苯乙烯HSE事故确认界面,选择"燃料气中断"按钮进行事故汇报。

(3) 事故处理

[I]—关闭蒸汽加热炉F-301A室燃料气调节阀TV3008;

[P]—关闭蒸汽加热炉F-301A室燃料气调节阀前后手阀XV3016、XV3017;

[I]—关闭蒸汽加热炉F-301B室燃料气进气电磁阀XV3304;

[P]—关闭蒸汽加热炉F-301B室燃料气进气阀门XV3305;

[P]—汇报主操"蒸汽加热炉燃料气已断开";

[I]—将蒸汽加热炉F-301B室尾气调节阀TV3105开度调节到最大;

[P]—汇报主操"蒸汽加热炉尾气进气已开度最大";

[I]—汇报调度室"蒸汽加热炉燃料气中断,已将尾气开度调至最大,请检查燃料气中断原因,并尽快恢复燃料气供给"。

7. 粗塔再沸器蒸汽中断

(1) 事故现象

① 粗苯乙烯塔塔釜液位LIC4001高限报警(报警值70%,正常值50%);

② 粗苯乙烯塔多处温度TI4002、TI4003、TI4014低温报警(报警值50℃,正常值71.18℃、96.36℃、79.24℃);

③ 粗苯乙烯塔差压PDI4002低压报警(报警值0kPa,正常值8.98kPa)。

(2) 事故确认

[P]—现场确认有②事故现象,通知内操;

[I]—DCS界面确认有①②③报警信号;

[I]—在苯乙烯HSE事故确认界面,选择"粗塔再沸器蒸汽入口故障"按钮进行事故汇报。

(3) 事故处理

[P]—关闭粗苯乙烯塔T401物料入口手阀XV4001;

[P]—关闭粗塔塔釜泵出口阀XV4008;

[P]—停粗塔塔釜泵P401;

[P]—关闭粗塔塔釜泵P401进口阀XV4009;

[P]—关闭粗塔再沸器E401蒸汽进口阀门XV4014;

[I]—关粗塔回流泵P402出口调节阀FV4005;

[P]—关粗塔回流泵P402出口调节阀前后手阀XV4025、XV4026;

[P]—停粗塔回流泵P402;

[P]—关闭粗塔回流泵P402出口阀门XV4018;

[P]—关闭粗塔回流泵进口阀门XV4019;

[P]—汇报主操"粗苯乙烯塔系统已隔离";

[I]—汇报调度室"粗塔再沸器蒸汽中断,请检查蒸汽中断原因,及恢复时间"。

8. 装置长时间停电

（1）事故现象

① DCS 画面黑屏；

② 脱氢液泵 P-301 停，冷凝液泵 P-302 停，汽提塔釜液泵 P-303 停，吸收塔釜液泵 P-305 停，解吸塔釜液泵 P-306 停，油箱泵 P-304 停，尾气压缩机 C-301 停。

（2）事故确认

[P]—现场确认有②事故现象，通知内操；

[I]—DCS 界面确认有①报警信号；

[I]—在 HSE 事故确认界面，选择"装置长时间停电"按钮进行事故汇报。

（3）事故处理

[P]—关闭蒸汽加热炉 F-301A 室燃料气调节阀前后手阀 XV3016、XV3017；

[P]—关闭蒸汽加热炉 F-301A 室尾气进气阀门 XV3303；

[P]—关闭蒸汽加热炉 F-301B 室燃料气进气阀门 XV3305；

[P]—关蒸汽加热炉 F-301B 室尾气调节阀前后手阀 XV3025、XV3026；

[P]—关闭乙苯蒸发器 E304 乙苯进料调节阀前后手阀 XV3064、XV3065；

[P]—打开水封罐顶部去火炬阀门 XV3543；

[P]—关脱氢液泵 P301 进出口阀 XV3095，XV3094；

[P]—关冷凝液泵 P302 进出口阀 XV3098，XV3097；

[P]—关汽提塔釜液泵 P303 进出口阀 XV3212，XV3211；

[P]—关油箱泵 P304 进出口阀 XV3507，XV3506；

[P]—关吸收塔釜液泵 P305 进出口阀 XV3154，XV3155；

[P]—关解吸塔釜液泵 P306 进出口阀 XV3162，XV3163。

9. 电动调节阀 FV4203 故障

（1）事故现象

① 精塔塔釜泵出口电动调节阀 FV4203 关闭；

② 精塔塔釜泵出口电动调节阀 FV4203 开度为 0；

③ 精塔釜液泵泵出口流量 FIC4203 为 0；

④ 精苯乙烯塔塔釜液位 LIC4201 高位报警（报警值 70%，正常值 50%）。

（2）事故确认

[P]—现场确认有上述①④事故现象，通知内操；

[I]—DCS 界面确认②③④事故现象；

[I]—在苯乙烯 HSE 事故确认界面，选择"电动调节阀 FV4203 故障"按钮进行事故汇报。

（3）事故处理

[P]—关闭电动调节阀 FV4203 前后手阀 XV4124，XV4123；

[P]—打开气动调节阀 FV4203 旁路手阀 XV4125；

[P]—与主控室主操联系，调节旁路手阀 XV4125 到适当开度，使精塔釜液泵出口流量 FIC4203 到规定值（1.10t/h）。（调节阀门时要缓慢，微调，常调）（此时事故现象③停止）。

10. 粗塔釜液泵出口管道破裂着火

（1）事故现象

① 可燃气体报警器报警；

② 粗塔釜液泵出口管道有火焰升起，现场有浓烟喷出，同时有火焰声音。

(2) 事故确认

[P]—现场确认有②所述事故现象，通知内操；

[I]—DCS 界面确认有①所述事故现象；

[I]—在苯乙烯 HSE 事故确认界面，选择"粗塔釜液泵出口管道破裂着火"按钮进行事故汇报。

(3) 事故处理

[P]—停粗塔釜液泵泵 P401；

[P]—关闭粗塔釜液泵 P401 出口阀门 XV4008；

[P]—关闭粗塔釜液泵 P401 进口阀门 XV4009；

[I]—关闭粗塔塔釜泵至精苯乙烯塔调节阀 FV4002；

[P]—打开消防蒸汽软管站蒸汽阀 XV502 用消防蒸汽带灭火；

[P]—汇报主操"粗塔釜液泵已关闭并隔离，明火已被扑灭"；

[P]—关粗苯乙烯进料阀门 XV4001；

[P]—停粗塔真空泵 C403；

[P]—关闭粗塔真空泵 C403 进口手阀 XV4029；

[P]—关闭粗塔真空泵 C403 出口阀门 XV4028；

[I]—关粗塔回流泵出口调节阀 FV4004；

[P]—关粗塔回流泵出口调节阀 FV4004 前后手阀 XV4010 和 XV4011；

[P]—汇报主操"粗苯乙烯塔已被隔离。请进行紧急停车预案"。

11. 第一脱氢反应器超温

(1) 事故现象

① 第一脱氢反应器 R301 蒸汽进口温度 TI3105 高温报警（报警值 950℃，正常值 818℃）；

② 第一脱氢反应器 R301 上端温度 TI3032A、TI3032B 高温报警（报警值 650℃，正常值 537℃）；

③ 第一脱氢反应器 R301 下端温度 TI3034A、TI3034B、TI3034C 高温报警报警值 650℃，正常值 537℃）；

④ 第二脱氢反应器 R302 进口温度 TI3040 高温报警（报警值 640℃，正常值 532℃）。

(2) 事故确认

[I]—DCS 界面确认有①②③④所述事故现象；

[I]—在苯乙烯 HSE 事故确认界面，选择"第一脱氢反应器超温"按钮进行事故汇报。

(3) 事故处理

[I]—关闭蒸汽加热炉 F-301B 室尾气进气调节阀 TV3105；

[P]—关闭蒸汽加热炉 F-301B 室尾气调节阀前后手阀 XV3025、XV3026；

[I]—关闭蒸汽加热炉 F-301A 室燃料气进气调节阀 TV3008；

[P]—关闭蒸汽加热炉 F-301A 室燃料气进气调节阀前后手阀 XV3016、XV3017；

[I]—关闭乙苯蒸发器去反应器电磁阀 XV3011；

[I]—待第一反应器和第二反应器各处温度恢复正常后，打开乙苯蒸发器去反应器电磁阀 XV3011；

[P]—打开蒸汽加热炉 F-301B 室尾气调节阀前后手阀 XV3025、XV3026；

[I]—打开蒸汽加热炉 F-301B 室尾气进气调节阀 TV3105，调节温度至正常范围；

[P]—打开蒸汽加热炉 F-301A 室燃料气进气调节阀前后手阀 XV3016、XV3017；

[I]—打开蒸汽加热炉 F-301A 室燃料气进气调节阀 TV3008，调节温度至正常范围。

12. 乙苯回收塔液位过高

(1) 事故现象

① 乙苯回收塔塔釜液位 LIC4101 高位报警（报警值 70%，正常值 50%）；

② 乙苯回收塔釜液泵出口流量计 FIC4101 示数为 0；

③ 乙苯回收塔釜液泵出口调节阀 FV4101 开度为 0。

(2) 事故确认

[P]—现场确认有①②③所述事故现象，通知内操；

[I]—DCS 界面确认有①②所述事故现象；

[I]—在苯乙烯 HSE 事故确认界面，选择"乙苯回收塔液位过高"按钮进行事故汇报。

(3) 事故处理

[I]—关闭乙苯回收塔釜液泵出口调节阀 FV4101；

[P]—关闭乙苯回收塔釜液泵出口调节阀前后手阀 XV4063、XV4062；

[P]—打开乙苯回收塔釜液泵出口去罐区阀门 XV4061；

[I]—通知粗苯乙烯工段降量处理；

[I]—调节粗塔回流泵出口调节阀 FV4005，开度至 25%；

[I]—通知调度室"乙苯回收塔釜液泵出口调节阀 FV4101 出现故障，请联系仪表维修工对乙苯回收塔釜液泵出口调节阀 FV4101 进行紧急维修"。

13. 真空泵故障

(1) 事故现象

① 粗塔回流罐液位 LIC4003 低位报警（报警值 30%，正常值 50%）；

② 粗苯乙烯塔塔顶温度 TI4002 低温报警（报警值 50℃，正常值 71℃）；

③ 粗苯乙烯塔塔釜液位 LIC4001 高位报警（报警值 70%，正常值 50%）。

(2) 事故确认

[P]—现场确认有①③所述事故现象，通知内操；

[I]—DCS 界面确认有①②③所述事故现象；

[I]—在苯乙烯 HSE 事故确认界面，选择"真空泵故障"按钮进行事故汇报。

(3) 事故处理

[I]—通知 400# 其他单元降量处理；

[P]—关闭粗苯乙烯塔进料阀门 XV4001；

[I]—关闭粗塔回流泵出口调节阀 FV4005；

[P]—关闭粗塔回流泵出口调节阀 FV4005 前后手阀 XV4025、XV4026；

[P]—停粗塔回流泵 P402；

[P]—关闭粗塔回流泵 P402 进出口阀门 XV4019、XV4018；

[I]—关闭粗塔回流泵出口调节阀 FV4004;

[P]—关闭粗塔回流泵出口调节阀 FV4004 前后手阀 XV4011、XV4010;

[I]—关闭粗塔釜液泵出口调节阀 FV4002;

[P]—关闭粗塔釜液泵出口调节阀 FV4002 前后手阀 XV4005、XV4004;

[P]—关闭粗塔釜液泵 P401 出口阀门 XV4008;

[P]—停粗塔釜液泵 P401;

[P]—关闭粗塔釜液泵 P401 进口阀门 XV4009;

[P]—关闭粗塔再沸器蒸汽进气阀门 XV4014;

[P]—停粗塔真空泵;

[P]—关闭粗塔真空泵前后手阀 XV4029、XV4028。

14. 精制工段循环水中断

(1) 事故现象

① 精塔冷凝器 E410 出口温度 TI4208 高温报警;

② 精塔盐冷器 E411 出口温度 TI4209 高温报警;

③ 精苯乙烯塔 T403 塔顶温度 TI4203 高温报警。

(2) 事故确认

[I]—DCS 界面确认有①②③所述事故现象;

[I]—在苯乙烯 HSE 事故确认界面,选择"精制工段循环水中断"按钮进行事故汇报。

(3) 事故处理

[P]—关闭精塔再沸器蒸汽进入阀门 XV4133;

[I]—关闭成品过冷器 E412 出口调节阀 LV4204;

[P]—关闭成品过冷器 E412 出口调节阀前后手阀 X4139、XV4140;

[I]—关闭精塔回流泵 P408 出口调节阀 FV4201;

[P]—关闭精塔回流泵 P408 出口调节阀前后手阀 XV4128、XV4127;

[I]—关闭精塔回流泵 P408 出口阀门 XV4145;

[P]—停精塔回流泵 P408;

[P]—关闭精塔回流泵 P408 进口阀门 XV4146;

[P]—停精塔真空泵 C410;

[P]—关闭精塔真空泵 C410 进出口阀门 XV4269、XV4270;

[P]—关闭焦油泵出口至焦油罐区阀门 XV4188;

[I]—通知班长粗分离工段降量处理;

[I]—通知调度室"精制工段循环水中断,请查明循环水中断原因,并尽快恢复供水"。

15. 蒸汽加热炉炉管破裂

(1) 事故现象

① 蒸汽加热炉防爆门打开、炉膛内可见火苗,炉膛内有异常响声,炉顶部有浓烟冒出;

② 蒸汽加热炉炉膛温度 TIC3105(事故值 950℃,正常值 818℃)报警;

③ 蒸汽加热炉出口温度 TIC3008(事故值 950℃,正常值 815℃)报警;

④ 可燃气体报警器报警。

(2) 事故确认

［P］—现场确认有①所述事故现象，通知内操；

［I］—DCS界面确认有②③④报警信号；

［I］—在苯乙烯HSE事故确认界面，选择"蒸汽加热炉炉管破裂"按钮进行事故汇报。

（3）事故处理

［I］—关闭蒸汽加热炉F301A室燃料气进气调节阀TV3008；

［P］—关闭蒸汽加热炉F301A是燃料气进气调节阀前后手阀XV3016、XV3017；

［I］—关闭蒸汽加热炉F301A室尾气进气电磁阀XV3302；

［P］—关闭蒸汽加热炉F301A室尾气进气阀门XV3303；

［I］—打开蒸汽加热炉F301A室放空电磁阀XV3007；

［I］—打开蒸汽加热炉F301A室氮气进气电磁阀XV3038；

［I］—关闭蒸汽加热炉F301B室燃料气进气电磁阀XV3304；

［P］—关闭蒸汽加热炉F301B室燃料气进气阀门XV3305；

［I］—关闭蒸汽加热炉F301B室尾气进气调节阀TV3105；

［P］—关闭蒸汽加热炉F301B室尾气调节阀前后手阀XV3025、XV3026；

［I］—打开蒸汽加热炉F301B室放空电磁阀XV3009；

［I］—打开蒸汽加热炉F301B室氮气进气电磁阀XV3005；

［I］—关闭蒸汽加热炉F301蒸汽进料调节阀FV3001；

［P］—关闭蒸汽加热炉F301蒸汽进料调节阀前后手阀XV3002、XV3003；

［I］—关闭蒸汽发加热F301A室蒸汽出口电磁阀XV3308；

［I］—关闭蒸汽发加热F301B室蒸汽出口电磁阀XV3307；

［I］—蒸汽加热炉F301熄火；

［P］—现场看到蒸汽加热炉F301炉膛火焰熄灭；

［P］—汇报主操"蒸汽加热炉F301炉膛火焰已熄灭"；

［P］—汇报主操"蒸汽加热炉F301已停止，并隔离"。

16. 吸收塔塔顶法兰泄漏

（1）事故现象

① 可燃气体报警器报警；

② 吸收塔塔顶法兰泄漏，现场有浓烟喷出。

（2）事故确认

［P］—现场确认有②所述事故现象，通知内操；

［I］—DCS界面确认有①所述事故现象；

［I］—在苯乙烯HSE事故确认界面，选择"吸收塔塔顶法兰泄漏"按钮进行事故汇报。

（3）事故处理

［P］—停解吸塔釜液泵P306；

［P］—关闭解吸塔釜液泵P306出口阀门XV3163；

［P］—关闭解吸塔釜液泵P306进口阀门XV3162；

［P］—汇报主操"解吸塔釜液泵已关闭"；

［P］—停吸收塔釜液泵P305；

［P］—关闭吸收塔釜液泵P305出口阀门XV3155；

[P]—关闭吸收塔釜液泵 P305 进口阀门 XV3154；

[P]—汇报主操"吸收塔釜液已关闭"；

[P]—打开吸收塔顶去火炬阀门 XV3152；

[P]—打开水封罐顶去火炬阀门 XV3543；

[P]—关闭解吸塔蒸汽进气阀门 XV3165；

[P]—汇报主操"吸收塔和解吸塔已被隔离。请进行紧急停车预案"。

17. 主冷器风机故障

（1）事故现象

① 主冷器 E305 出口温度 TI3102 高温报警（报警值 77℃，正常值 57℃）；

② 油水分离器液位 LIC3106 低位报警（报警值 35%，正常值 50%）。

（2）事故确认

[P]—现场确认有①所述事故现象，通知内操；

[I]—DCS 界面确认有①②所述事故现象；

[I]—在苯乙烯 HSE 事故确认界面，选择"主冷器风机故障"按钮进行事故汇报。

（3）事故处理

[I]—通知反应工段降量处理；

[I]—增大急冷器 X301 急冷水进水量；

[P]—关闭脱氢液泵 P301 出口阀门 XV3094；

[P]—停脱氢液泵 P301；

[P]—关闭脱氢液泵 P301 进口阀门 XV3095；

[P]—汇报主操"脱氢液泵已关闭"；

[P]—关闭冷凝液泵 P302 出口阀门 XV3097；

[P]—停冷凝液泵 P302；

[P]—关闭冷凝液泵 P302 进口阀门 XV3098；

[P]—汇报主操"冷凝液泵已关闭"；

[I]—关闭主冷器 E305 风机；

[I]—汇报主操"主冷器和油水分离器已被隔离，请维修人员对主冷器的风机进行紧急维修"。

18. 焦油泵故障

（1）事故现象

① 焦油泵 P409 出口压力 PG4507 低压报警（报警值 0.2MPa，正常值 0.8MPa）；

② 闪蒸罐液位 LI4203 高位报警（报警值 75%，正常值 50%）。

（2）事故确认

[P]—现场确认有①②所述事故现象，通知内操；

[I]—DCS 界面确认有②所述事故现象；

[I]—在苯乙烯 HSE 事故确认界面，选择"焦油泵故障"按钮进行事故汇报。

（3）事故处理

[I]—通知粗苯乙烯分离降量处理；

[I]—关闭精塔釜液泵 P407 出口调节阀 FV4203；

[P]—关闭精塔釜液泵 P407 出口调节阀 FV4203 前后手阀 XV4124、XV4123；

[P]—关闭精塔釜液泵 P407 出口阀门 XV4143；

[P]—停精塔釜液泵 P407；

[P]—关闭精塔釜液泵 P407 进口阀门 XV4144；

[P]—汇报主操"精塔釜液泵已关闭"；

[P]—关闭焦油泵 P409 出口阀门 XV4190；

[P]—停焦油泵 P409；

[P]—关闭焦油泵 P409 进口阀门 XV4191；

[P]—汇报主操"焦油泵已关闭"；

[P]—关闭焦油泵 P409 出口循环去 T401 阀门 XV4185；

[P]—关闭焦油泵 P409 出口至焦油罐区阀门 XV4188；

[P]—汇报主操"焦油泵已停止并隔离，请通知维修人员对焦油泵进行紧急维修"。

19. 乙苯回收塔顶安全阀起跳

（1）事故现场

① 乙苯回收塔顶安全阀起跳，有放空声音；

② 乙苯回收塔差压 PDI4101 高压报警（报警值 200kPa，正常值 40kPa）；

③ 可燃气体报警器报警。

（2）事故确认

[P]—现场确认有①②所述事故现象，通知内操；

[I]—DCS 界面确认有②③所述事故现象；

[I]—在苯乙烯 HSE 事故确认界面，选择"乙苯回收塔顶安全阀起跳"按钮进行事故汇报。

（3）事故处理

[I]—通知粗苯乙烯分离工段降量控制；

[P]—关闭乙苯回收塔再沸器进气阀门 XV4074；

[P]—停乙苯回收塔回流泵 P404；

[I]—关闭乙苯回收塔回流泵 P404 出口调节阀 FV4103；

[P]—关闭乙苯回收塔回流泵 P404 出口调节阀 FV4103 前后手阀 XV4087、XV4088；

[I]—关闭乙苯回收塔回流泵 P404 回流调节阀 LV4102；

[P]—关闭乙苯回收塔回流泵 P404 回流调节阀 LV4102 前后手阀 XV4072、XV4071；

[P]—关闭乙苯回收塔回流泵进出口阀门 XV4078、XV4077；

[P]—关闭粗塔回流泵 P402 出口调节阀 FV4105；

[P]—关闭粗塔回流泵 P402 出口调节阀 FV4105 前后手阀 XV4025、XV4026；

[P]—停乙苯回收塔釜液泵 P413；

[P]—关闭乙苯回收塔釜液泵 P413 进出口阀门 XV4069、XV4068；

[P]—汇报主操"乙苯回收塔 T402 已隔离，请维修部门对乙苯回收塔顶安全阀进行紧急检修"。

20. 乙苯蒸发器蒸汽中断

（1）事故现场

① 乙苯蒸发器液位高位报警（报警值 75%，正常值 50%）；

② 乙苯蒸发器管程流量计 FIC3007 示数为 0；

③ 乙苯蒸发器物料流量计 FIC3006 示数为 0；

④ 乙苯蒸发器出口温度 TI3053 低温报警（报警值 65℃，正常值 95℃）。

（2）事故确认

[P]—现场确认有①所述事故现象，通知内操；

[I]—DCS 界面确认有①②③④所述事故现象；

[I]—在苯乙烯 HSE 事故确认界面，选择"乙苯蒸发器蒸汽中断"按钮进行事故汇报。

（3）事故处理

[I]—关闭乙苯蒸发器出口电磁阀 XV3011；

[I]—关闭乙苯蒸发器 E304 管程蒸汽进气调节阀 FV3007；

[P]—关闭乙苯蒸发器 E304 管程蒸汽进气调节阀前后手阀 XV3061、XV3062；

[I]—关闭乙苯蒸发器 E304 乙苯进料调节阀 FV3005；

[P]—关闭乙苯蒸发器 E304 乙苯进料调节阀 FV3005 前后手阀 XV3064、XV3065；

[I]—关闭乙苯蒸发器 E304 壳程蒸汽进气调节阀 FV3006；

[P]—关闭乙苯蒸发器 E304 壳程蒸汽进气调节阀 FV3006 前后手阀 XV3069、XV3068；

[I]—关闭蒸汽加热炉 F301A 室燃料气进气调节阀 TV3008；

[P]—关闭蒸汽加热炉 F301A 室燃料气进气调节阀前后手阀 XV3016、XV3017；

[P]—关闭蒸汽加热炉 F301A 室尾气进气阀门 XV3303；

[P]—关闭蒸汽加热炉 F301B 室燃料气进气阀门 XV3305；

[I]—关闭蒸汽加热炉 F301B 室尾气进气调节阀 TV3105；

[P]—关闭蒸汽加热炉 F301B 室尾气调节阀前后手阀 XV3025、XV3026；

[I]—关闭蒸汽加热炉 F301 蒸汽进料调节阀 FV3001；

[P]—关闭蒸汽加热炉 F301 蒸汽进料调节阀前后手阀 XV3002、XV3003；

[I]—关闭蒸汽发加热 F301A 室蒸汽出口电磁阀 XV3308；

[I]—关闭蒸汽发加热 F301B 室蒸汽出口电磁阀 XV3307。

21. 中央控制室网络故障

（1）事故现场

① DCS 界面所有数据无法正常显示；

② 装置现场所有的流量计没有示数显示；

③ 装置现在所有的调节阀无法调节，示数没有变化。

（2）事故确认

[P]—现场确认有②③所述事故现象，通知内操；

[I]—DCS 界面确认有①所述事故现象；

[I]—在 HSE 事故确认界面，选择"中央控制室网络故障"按钮进行事故汇报。

（3）事故处理

[I]—汇报调度室"中控室网络故障，请立即联系仪表微机班对事故进行处理"；

[I]—调度室反馈"中控室网络故障短时间不能排除，组织各岗位进行紧急停车操作"；

[P]—关闭乙苯蒸发器 E304 管程蒸汽进气调节阀前后手阀 XV3061、XV3062；

[P]—关闭乙苯蒸发器 E304 乙苯进料调节阀 FV3005 前后手阀 XV3064、XV3065；

[P]—关闭乙苯蒸发器 E304 壳程蒸汽进气调节阀 FV3006 前后手阀 XV3069、XV3068；

[P]—汇报主操"乙苯蒸发器进料已停止"；

[P]—关闭蒸汽加热炉 F301A 是燃料气进气调节阀前后手阀 XV3016、XV3017；

[P]—关闭蒸汽加热炉 F301A 室尾气进气阀门 XV3303；

[P]—关闭蒸汽加热炉 F301B 室燃料气进气阀门 XV3305；

[P]—关闭蒸汽加热炉 F301B 室尾气调节阀前后手阀 XV3025、XV3026；

[P]—关闭蒸汽加热炉 F301 蒸汽进料调节阀前后手阀 XV3002、XV3003；

[P]—汇报主操"蒸汽加热炉已停止，我将按照紧急停车操作继续停车，请立即联系仪表微机班对事故进行处理"。

22. 真空缓冲罐罐顶法兰泄漏

（1）事故现象

① 可燃气体报警器报警；

② 真空缓冲罐顶法兰泄漏，现场有浓烟喷出。

（2）事故确认

[P]—现场确认有②所述事故现象，通知内操；

[I]—DCS 界面确认有①所述事故现象；

[I]—在苯乙烯 HSE 事故确认界面，选择"吸收塔塔顶法兰泄漏"按钮进行事故汇报。

（3）事故处理

[P]—打开真空泵 C403 氮气进气阀门 XV4205；

[P]—关闭粗苯乙烯塔 T401 进料阀门 XV4001；

[P]—停真空泵 C403；

[P]—关闭真空泵 C403 进出口阀门 XV4029、XV4028；

[P]—关闭真空泵密封罐 V404 出口去乙苯回收塔阀门 XV4212；

[P]—停粗塔回流泵 P402；

[I]—关粗塔回流泵 P402 出口调节阀 FV4005；

[P]—关粗塔回流泵 P402 出口调节阀前后手阀 XV4025、XV4026；

[I]—关闭粗塔回流泵 P402 回流调节阀 LV4003；

[P]—关闭粗塔回流泵 P402 回流调节阀 LV4003 前后手阀 XV4011、XV4010；

[P]—关闭粗塔回流泵 P402 前后手阀 XV4049、XV4018；

[I]—关闭粗塔塔釜泵至精苯乙烯塔调节阀 FV4002；

[P]—关闭粗塔塔釜泵至精苯乙烯塔调节阀 FV4002 前后手阀 XV4005、XV4004；

[P]—关闭粗塔塔釜泵 P401 出口阀门 XV4008；

[P]—停粗塔釜液泵 P401；

[P]—关闭粗塔塔釜 P401 进口阀门 XV4009；

[P]—打开消防蒸汽软管站蒸汽阀 XV502 用消防蒸汽带灭火；

[P]—汇报主操"粗苯乙烯塔系统已被隔离。请进行紧急停车预案"。

填写表 3-11 整理上交，完成苯乙烯半实物工厂实训报告。

表 3-11 苯乙烯半实物工厂 HSE 系统事故处理操作记录

操作员：

事故名称	最终得分	事故原因分析	签字	年　月　日

要求：及时记录事故处理操作起止时间，并讨论分析事故原因。

注：班长整体负责本工段的事故处理操作，装置现场主要由外操巡检并操作，控制室操作主要由内操 1 负责，操作记录由内操 2 负责填写。

苯乙烯半实物工厂实训报告

班级：_____ 姓名：_____ 学号：_____ 成绩：_____

实训项目	
实训任务	
组　员	
实训准备	
工作过程	自行总结：
注意事项	
学习反思	

【知识拓展】

苯乙烯装置异常现象及处理方法

苯乙烯装置常见异常现象及处理方法见表 3-12。

表 3-12 苯乙烯装置常见异常现象及处理方法

异常现象	可能原因	处理方法
乙苯转化率低	① 由于蒸汽或乙苯进料计量错误造成蒸汽与乙苯水比太低； ② 反应器入口温度测量错误	① 取样分析水比，检查乙苯计量，检查蒸汽计量； ② 检查温度指示器
反应器床层压降增加	① 测压孔部分堵塞； ② 压降测量表堵塞； ③ 催化剂床层起粉引起部分床层堵塞	① 降低吸入压力； ② 检查变送器，检查氮气吹扫； ③ 检查床层出口，粉尘过高时，可通过提高压力或降低进料量来降低速度
二段床层出口压力高	① 压缩机吸入压力高于要求值； ② 压力指示器失灵； ③ 压缩机吸入阀部分关闭； ④ 压缩机吸入口的某个设备液位过高	① 降低吸入压力； ② 检查变送器，检查氮气吹扫； ③ 检查阀门位置； ④ 检查主冷器入口和出口，调整冷却器和压缩机吸入罐的液位
一段或二段反应器床层温度高	① 温度指示器失灵（入口或出口）； ② 空气进入反应器	① 检查温度指示器； ② 如果温度指示器是正确的，且装置未停车，提高压缩机吸入口压力使之高于大气压，检查处理泄漏
过热炉燃烧不均匀	① 去烧嘴的燃料量不均； ② 烧嘴孔堵塞； ③ 炉内尾气分布不均	① 调整去烧嘴的燃料量； ② 清扫烧嘴； ③ 检查火嘴上的空气调节器
烧嘴熄火	① 抽力大； ② 燃料压力过高或过低； ③ 燃料降低过快，而风门过大，抽力过大	① 减小抽力； ② 调整燃料压力； ③ 相应调整风门和抽力
烟气二次燃烧	炉膛氧含量过低	开大风门或烟气挡板开度
火焰形状不正常	① 有烟，不规则闪烁，系空气量不足； ② 火焰闪烁闪光，系统抽力过大； ③ 炉子冒烟，火焰外窜； ④ 火苗长而不规则，系燃烧过度	① 开大风门提高氧含量； ② 减少抽力关挡板； ③ 减少燃料，加大抽力； ④ 减少燃料量

📂 想一想：

苯乙烯装置的异常现象及处理方法还有哪些？

【工匠风采】

宁允展

　　宁允展，南车青岛四方机车车辆股份有限公司车辆钳工，高级技师，高铁首席研磨师。他是国内第一位从事高铁转向架"定位臂"研磨的工人，也是这道工序最高技能水平的代表。他研磨的定位臂，已经创造了连续十年无次品的纪录。他和他的团队研磨的转向架安装在673列高速动车组，奔驰9亿多公里，相当于绕地球2万多圈。转向架是高速动车组九大关键技术之一，转向架上有个"定位臂"，是关键中的关键。高速动车组在运行时速达200多公里的情况下，定位臂和轮对节点必须有75%以上的接触面间隙小于0.05mm，否则会直接影响行车安全。宁允展的工作，就是确保这个间隙小于0.05mm。他的"风动砂轮纯手工研磨操作法"，将研磨效率提高了1倍多，接触面的贴合率也从原来的75%提高到了90%以上。他发明的"精加工表面缺陷焊修方法"，修复精度最高可达到0.01mm，相当于一根细头发丝的1/5。他执着于创新研究，主持了多项课题攻关，发明了多种工装，其中有2项通过专利审查，获得了国家专利，每年为公司节约创效近300万元。

　　所获荣誉：全国道德模范敬业奉献奖、"最美职工"、"全国交通技术能手"称号、山东省省长质量奖等。

附录 绘制工艺流程图常用设备图例

类别	代号	图例			
塔	T	填料塔	板式塔	喷洒塔	
塔内件		降液管 受液盘 浮阀塔塔板 泡罩塔塔板 格筛板 升气管 湍球塔 筛板塔塔板 分配(分布)器、喷淋器 (丝网)除沫层 填料除沫层			
反应器	R	固定床反应器	列管式反应器	流化床反应器	反应釜(带搅拌、夹套)

类别	代号	图例
工业炉	F	箱式炉　　圆筒炉　　圆筒炉
火炬烟囱	S	烟囱　　火炬
换热器	E	换热器(简图)　固定管板式列管换热器　U形管式换热器　浮头式列管换热器 套管式换热器　釜式换热器　板式换热器　螺旋板式换热器 翅片管换热器　蛇管式(盘管式)换热器　喷淋式冷却器　刮板式薄膜蒸发器 列管式(薄膜)蒸发器　抽风式空冷器　送风式空冷器　带风扇的翅片管换热器

续表

类别	代号	图例
泵	P	离心泵　水环式真空泵　旋转泵　齿轮泵　液下泵　喷射泵　旋涡泵 螺杆泵　往复泵　隔膜泵
压缩机	C	鼓风机　　（卧式）　（立式）　二段往复式压缩机(L形)　四段往复式压缩机 　　　　　　　旋转式压缩机 离心式压缩机　往复式压缩机
容器	V	锥顶罐　（地下，半地下）　浮顶罐　干式气柜　湿式气柜　球罐 　　　　　池、槽、坑 圆顶锥底容器　圆形封头容器　平顶容器　卧式容器　卧式容器 填料除沫分离器　丝网除沫分离器　旋风分离器　干式电除尘器　湿式电除尘器 固定床过滤器　带滤筒的过滤器

续表

类别	代号	图例
设备内件、附件		防涡流器　　插入管式防涡流器　　防冲板　　加热或冷却部件　　搅拌器
起重运输机械	L	手拉葫芦(带小车)　　单梁起重机(手动)　　旋转式起重机/悬臂式起重机　　吊钩桥式起重机 电动葫芦　　单梁起重机(电动)　　带式输送机　　刮板输送机 斗式提升机　　手推车
称量机械	W	带式定量给料秤　　地上衡
其他机械	M	压滤机　　转鼓式(转盘式)过滤机　　螺杆压力机　　挤压机 有孔壳体离心机　　无孔壳体离心机　　揉合机　　混合机
动力机	MESD	离心式膨胀机、透平机　　活塞式膨胀机　　电动机　　内燃机、燃气机　　汽轮机　　其他动力机

附录　绘制工艺流程图常用设备图例　　147

参考文献

[1] 何小荣. 石油化工工艺实训教程 [M]. 北京：中国石化出版社，2011.
[2] 刘景良. 化工安全技术 [M]. 4版. 北京：化学工业出版社，2019.
[3] 何小荣. 石油化工生产技术 [M]. 北京：化学工业出版社，2020.
[4] 李倩. 化工反应原理与设备 [M]. 3版. 北京：化学工业出版社，2021.